よせだあつこ 著

中央経済社

はじめに

コンピュータが生活に欠かせない存在となってから，相当の年月が経過しました。とはいえ，コンピュータを動かすプログラミングは，プログラマーだけの専門分野で，私たちからは遠い存在でした。
しかし最近，小中学校でプログラミング教育が必修化され，2025年の大学入学共通テストから新たに「情報」が出題教科に追加されるなど，空前のプログラミングブームが到来しています。日商簿記検定を主催している日本商工会議所も，2019年から新たにプログラミング検定をスタートさせました。

プログラミングという言葉を耳にする機会は多くなってきましたが「なんだか難しそうだな…」「少しは興味があるけど自分の仕事には関係ないな…」という人も少なくないでしょう。
本書は，プログラミングの知識がまったくない，またはこれから勉強しようと考えている人に，まず最初に手に取っていただき，プログラミングについて知ってもらうことを目的としています。

プログラミングに関連する用語，プログラミングで何ができるのかの説明では，プログラムやデータベース，AIなどについて理解していただけるでしょう。
実際に，いくつかのプログラム言語を使って簡単なプログラムを書いてみますので，プログラムの面白さも感じていただけると思います。
さらに，実力を試したい方向けに，日本商工会議所のプログラミング検定に対応した問題も掲載しています。

難しそうなイメージがあるプログラミングですが，実はとても身近で面白いものです。軽い気持ちで，最初の一歩を踏み出していただければ幸いです。

よせだあつこ

本書の使い方

本書は，プログラミングに関する理解を深めてもらうために次のような構成になっています。

また，日商のプログラミング検定BASICレベルにも対応しています。試験に出題される内容には 試験対策 というアイコンを目次と各ページにつけています。

目　次

第1章

プログラミングとは

まずはプログラミングについて知りましょう。
プログラミングに関する用語についても説明します。

01 プログラミング

▶プログラミングとは何かについて，説明していきます。

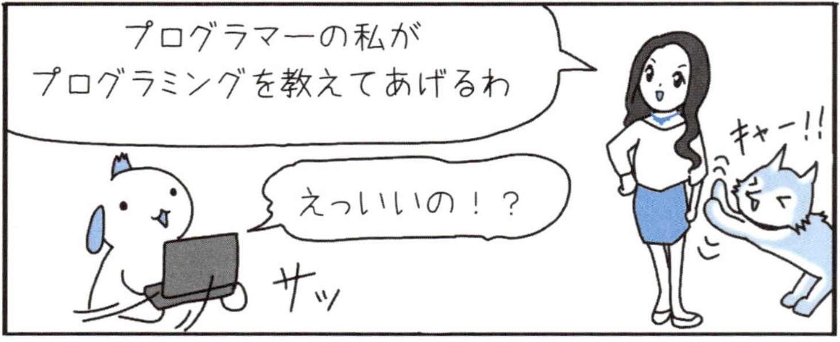

プログラミングって何だかわかる？
えっと…
パソコンに向かって
難しい記号を打つ…

確かに外から見たら
そうかもしれないわね
でもプログラミング
の本質ではないわ

まずはプログラミング
について説明します
いえーーい!!

身近なプログラミング

目覚まし時計の音で目を覚まし，テレビをつけ，信号を渡り，電車に乗って，スマートフォンでニュースをチェック…日常的な朝の風景ですが，実は，このすべての行動にプログラミングがかかわっています。もはや私たちの生活する社会は，プログラミングなしでは成立しません。

しかし，こんなに身近にあるプログラミングを，自分とは関係のないものだと感じる人がほとんどではないでしょうか。

少し前に「AI（エーアイ）に仕事を奪われる職業ランキング」が話題になりましたが，中にはプログラミングを，難しくて恐ろしい存在のように考えている人もいるかもしれません。

これだけプログラミングが身近にあるのですから，プログラマーだけでなく，私たちもその正体を知っておいて損はありません。一緒にプログラミングについて見ていきましょう。

プログラミングとは

プログラミングとは，簡単にいうと人間がコンピュータへ指示を出すことです。基本的にコンピュータは，人間からの指示がなければ動きません。

たとえば，目覚まし時計は，時刻になったら音を鳴らすよう指示されています。スマートフォンは明るさ調整，画像表示，ボタンをタップしたら新たな動作がされるなど複雑な指示がなされています。

時計やスマートフォンだけでなく道路の信号やパソコンも，コンピュータ（機械）は最初から自動で動くわけではありません。誰かが何らかの意図を持って指示しており，コンピュータは指示通りに動いているだけです。

私たちはプログラミングを知らなくても，時計やスマートフォンを便利に使うことができます。でも，スマートフォンを使っていて，いつも使っているアプリが起動しない…といったトラブルが起きた場合はどうでしょう。

コンピュータには処理できるプログラムに限界があるので，たくさんのアプリやウェブページを開いたままにしておくと「もうこれ以上処理できない」という状況になります。

他のアプリやウェブページを終了させたり，スマートフォンを再起動させれば，正常にアプリを起動できることがあるのはそのためです。

プログラミングの考え方や性質を知ることで，身の回りのコンピュータを理解することができ，もっと便利に使うことができます。

さて，前置きが長くなりましたがプログラミングの話に戻ります。人間からコンピュータへの指示といっても，コンピュータは本来，**マシン語**（機械語）でしか動きません。

マシン語というのは0と1だけを使って，コンピュータに動きを指示する言語です。

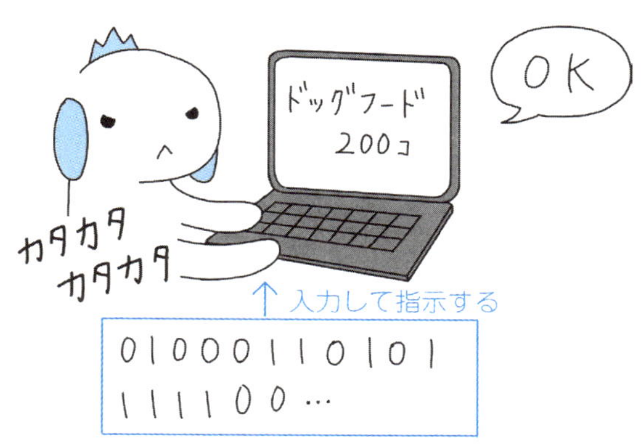

しかし，マシン語は0と1の複雑な並びで作られているため，人間が読み書きするのはほぼ不可能です。これではコンピュータへ指示を出すことができません。

そこで登場したのが**プログラミング言語**です。プログラミング言語は，私たち人間にも理解しやすく，読み書きが可能です。人間がプログラミング言語で入力し，それをマシン語に変換してコンピュータに指示を出すのです。

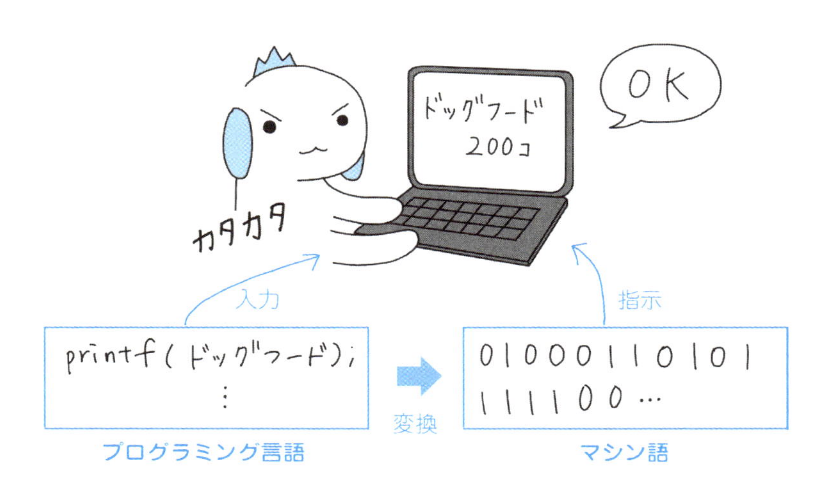

プログラミングで重要なこと

プログラミングというと，パブロフくんがイメージするように，黒い画面に意味不明な記号を入力しているのを想像する人もいるかもしれません。

しかしプログラミングの本質は，それではありません。プログラミング言語を入力する行為より，もっと重要なことがあります。

先ほど説明したように，基本的にコンピュータは，人間からの指示がなければ動きません。私たちに「やりたいこと」があって，コンピュータに正しく指示を出し，それを実現する。この流れがプログラミングにはとても重要です。

筆者はスマートフォンのアプリ開発の業界に身を置いており，スマートフォン普及当初からさまざまなアプリを見てきました。

難しいプログラムを組み立てただけのアプリは淘汰されて，人と人をつなぐSNSアプリや暇つぶしになるゲームアプリなど，私たちが毎日使いたくなるアプリが残りました。

この**「人と人をつなぐ」「暇つぶし」**が**「やりたいこと」**に当たります。明確な「やりたいこと」のあるプログラミングが，私たちの生活に役立つといえます。

さらに，プログラミングを学ぶ際にも「やりたいこと」を明らかにするとメリットがあります。プログラミングの学習は語学の学習に似ています。たとえば英語を学ぶとき，100万語以上あるといわれる単語や文法を全部暗記してから会話をするよりも，「買い物をしたい」という目標に沿った方が速く習得できます。

プログラミングも同じで，プログラムにはたくさんの指示が用意されており，すべてを学ぶのは時間がかかります。**どの指示をすれば「やりたいこと」を実現できるか**，という視点で徐々に学んでいくと，楽しく，効率的にプログラミングを習得することができます。

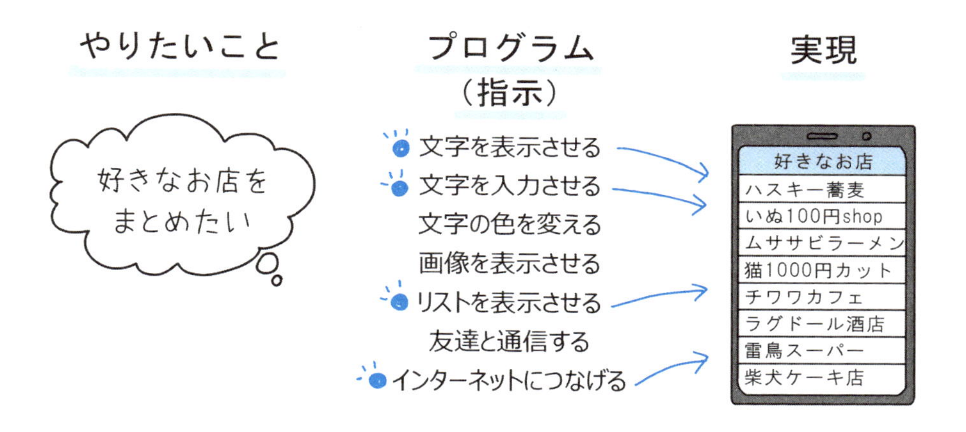

理解度チェック

- □人間がコンピュータに指示を出すことを［　　　　　］という。　　プログラミング
- □コンピュータは［　　　］語（機械語）で動く。　　マシン語
- □人間は，［　　　　　］言語を使ってコンピュータに指示を出す。　　プログラミング言語

02 プログラミングに関する用語

▶プログラミングに関係する，いくつかの気になる用語について説明します。

IT

IT（アイティー）は，Information Technologyの略で，日本語では情報技術といわれることもあります。コンピュータだけでなく，インターネットなどの通信まで含めたかなり広い意味で使われます。

プログラミングも，広い意味ではITの中に含まれます。

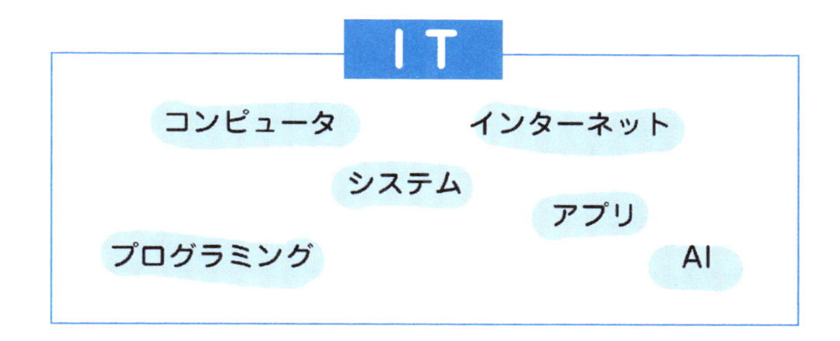

インターネットとIoT

インターネットとは，コンピュータとコンピュータを通信回線でつなぐネットワークのことです。

IoT（アイオーティー）はInternet of Thingsの略で，日本語ではモノのインターネットといわれます。今までインターネットにつながっていなかったモノまでもがつながるネットワークです。

システム

システムは，いくつかの要素のまとまりを指す言葉です。

ITの分野では，ITが関わる大小さまざまなまとまりを表すのに使われます。たとえば，コンピュータシステム，情報システム，営業システムのように使われ，何のまとまりであるかを表現しています。

コンピュータシステム

コンピュータを含むシステムの総称

情報システム

情報の処理や伝達をするシステム

営業システム

会社がどこへ何を販売したか管理するシステム

ただ，システムというのはとても便利な言葉で，会話の中で単に「システム」と言われることもあります。その場合は，何かのまとまりを表していると考えましょう。

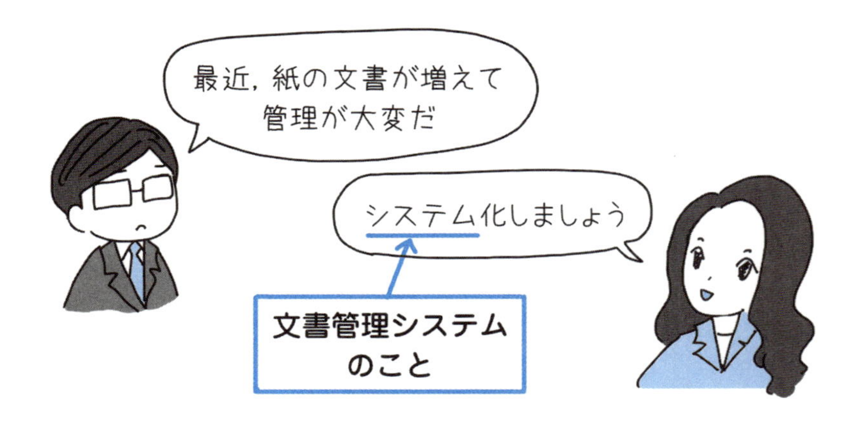

アプリケーション（アプリ）

コンピュータは，ざっくりいうとハードウェア，OS，アプリケーションで動いています。ハードウェアはパソコンやスマホなどの外側の堅い部分のことで，OSはiOSやWindowsなどコンピュータの基本的な動きを制御するものです。

アプリケーションは，私たちがパソコンで実際に使っている，文書を書いたり，写真を見たりする機能のことです。スマホでも，天気予報や電車の乗り換え案内などたくさんのアプリケーションを使うことができます。アプリはアプリケーションを省略した呼び方です。

なお，OSとアプリケーションを合わせてソフトウェアということもあります。

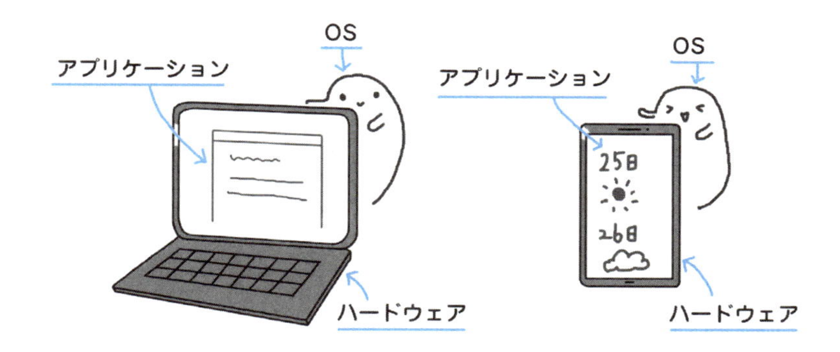

データ

データは，日本語では「事実」や「資料」と訳されます。データというと難しく聞こえますが，学校の名簿や，野球の勝敗の結果や，コンビニエンスストアにどの商品が何個あるかなど，身の回りにある事実や資料の集まりはすべてデータです。

手書きのデータももちろんありますが，コンピュータで使うデータは，パソコン内部の記憶装置やサーバなどにまとめて保存されています。整理され保存されているデータの集まりをデータベースといいます。なお，記憶装置については第5章で説明します。

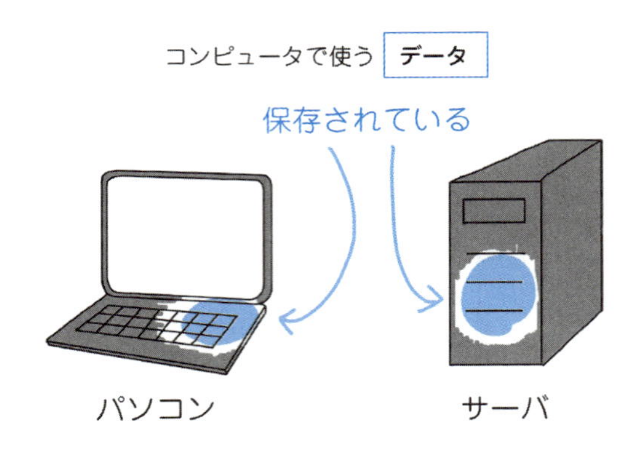

データはプログラミングにとって非常に重要です。プログラミングはコンピュータに対する指示ですが，その指示で多いのが「データを検索しなさい」「データを表示させなさい」といった事項です。データのないプログラミングもちろんありますが，多くの場合，プログラミングとデータは密接にかかわっています。

たとえばインターネットで検索するのも，データベースから自分に必要な情報を選び出しています。検索ワードに関連した情報をデータベースの中から選び出し，有用な情報が載っているページから順に表示されるプログラムが組まれています。なお，**プログラム**とは，プログラミングすることによって書かれた内容のことをいいます。

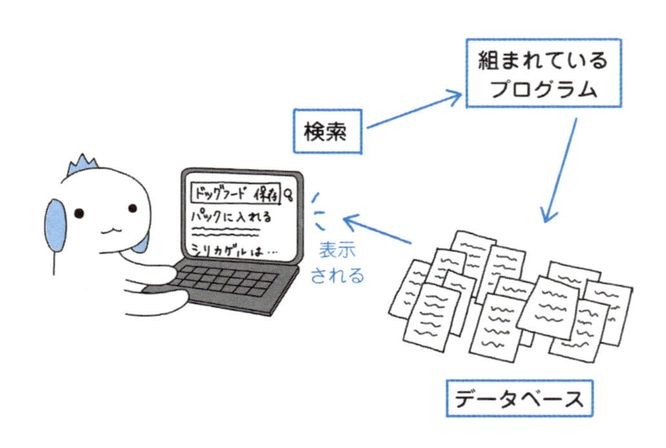

最近，ビッグデータという言葉をよく聞くようになりました。ビッグデータは，その名のとおり巨大な，たくさんの，複雑なデータのことです。

ビッグデータは，一般的なデータ管理システムでは扱うことが困難なほど巨大なため，どのように集めるか，どのように解析するかなど課題が多いです。

しかし，ビッグデータを利用すれば，非常に有用な情報が手に入るのではないかという期待が高まっています。たとえば旅行会社のホームページを利用する多数の人の利用経路を分析して，最適な旅行を提案するなどの活用が始まっています。

クラウドコンピューティング（クラウド）

これまで，コンピュータはハードウェアとソフトウェアで動き，データは記憶装置やサーバに保存されると説明してきました。

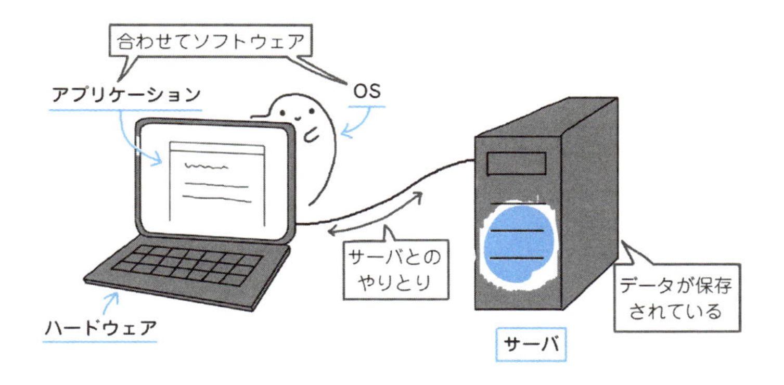

しかし，ソフトウェアや記憶装置，サーバを持っていなくてもコンピュータを使うことができる技術革新が起きました。それがクラウドコンピューティングです。

クラウドコンピューティングは，共有の空間にソフトウェアや記憶装置が用意されていて，自分のハードウェアからアクセスして使うことができます。なお，クラウドはクラウドコンピューティングを省略した呼び方です。

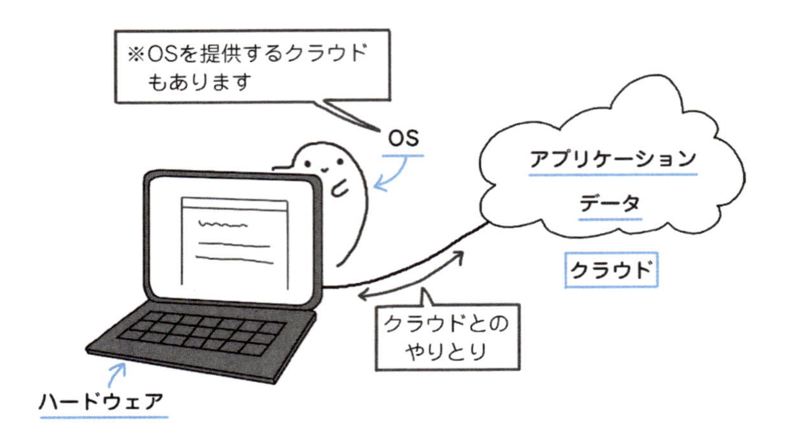

これまでとあまり変わらないのでは…？と思った人もいるかもしれませんが，かなり変わります。

みなさんもスマホで写真をクラウドに保存した経験があるかもしれませんが，これまでは自分のハードウェアにSDカードなどの記憶装置を入れたり，容量の大きい記憶装置が入ったスマホを買う必要がありました。

しかし，クラウドを利用すればそれらが必要ないので値段が安く済みます。また，スマホが壊れてもクラウドに保存してあった写真のデータは消えないので安心です。

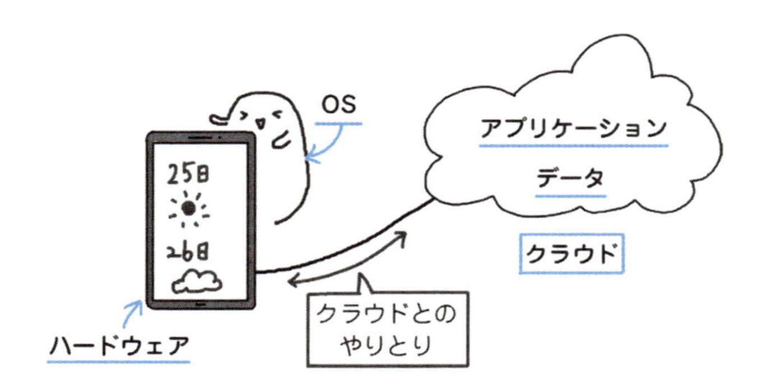

AI

AIはArtificial Intelligenceの略で，人工知能のことです。この人工知能という言葉を見ると，まるでコンピュータが人間のような知能を持ったように感じられますが，そうではありません。

AIの正体は，プログラミングとデータベースです。プログラミングとデータベースを駆使して，知能があるかのように振る舞うコンピュータがAIなのです。

たとえばAIスピーカー（スマートスピーカー）に「オススメの音楽かけて」と言うと，AIスピーカーにあらかじめ入っているプログラムが作動して，データベースからプログラムに合う曲を選び出します。その曲がAIスピーカーから流れるしくみです。

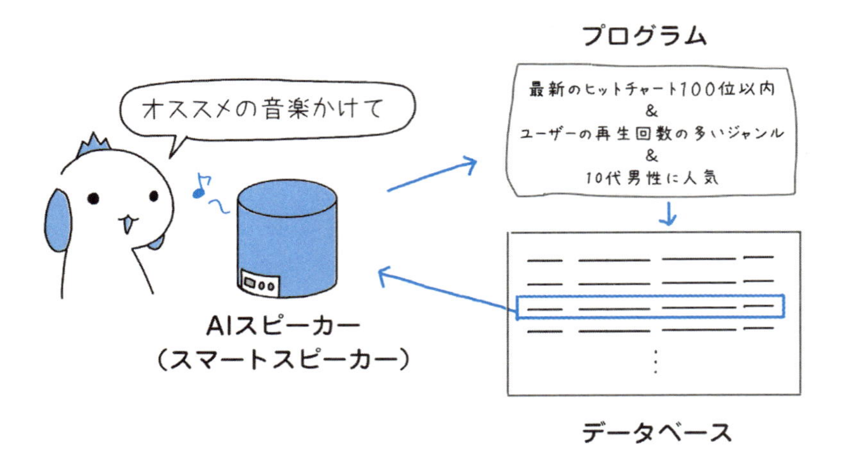

AIが知能を持った振る舞いができるように，人間があらかじめプログラミングをしています。したがって今のところ，AIは人間がイメージできる振る舞いの範囲を超えません。ですので，コンピュータやAIを，何か恐ろしいもののように考える必要はありません。

理解度チェック

- □プログラミングは，広い意味では［　　］の中に含まれる。［　　］は日本語では情報技術といわれる。　IT
  ※２ヵ所に同じ言葉が入る。
- □「コンピュータ」と「コンピュータ」を，通信回線でつなぐネットワークを［　　］という。　インターネット

- □日本語では「モノのインターネット」といわれることもある，今までインターネットにつながっていなかったモノまでもつながるネットワークが＿＿＿である。　IoT
- □いくつかの要素のまとまりを指す言葉で，ITの分野ではITが関わるまとまりを表す。たとえば情報の処理や伝達をする＿＿＿を，情報＿＿＿という。　システム
  ※2ヵ所に同じ言葉が入る。
- □ソフトウェアの1つであり，パソコンで文書を書いたり，スマホで写真を見たりできる機能を＿＿＿という。　アプリケーション
- □コンピュータなどで使われる用語である＿＿＿は，事実や資料を表している。　データ
- □整理され保存されているデータの集まりを＿＿＿という。　データベース
- □巨大な，たくさんの，複雑なデータのことを＿＿＿といい，これからの活用が期待されている。　ビッグデータ
- □共有の空間にソフトウェアや記憶装置が用意されていて，自分のハードウェアからアクセスして使うことができるしくみを＿＿＿という。　クラウドコンピューティング（クラウド）
- □日本語で人工知能といわれる＿＿＿の正体は，プログラミングとデータベースである。　AI

第2章
プログラミングをしてみよう

ここからは実際にプログラミング言語を使って
プログラミングをしていきましょう。

01 プログラミング言語の種類

▶プログラミング言語にはたくさんの種類があります。プログラミング言語の種類と特徴を知りましょう。

プログラミング言語の種類

言語に英語や日本語などがあるように，プログラミング言語にもたくさんの種類があります。最初に基本的なプログラミング言語が開発された後，不便な部分の改善や，使われ方の多様化に対応するために次々と新しいプログラミング言語が開発されたので，たくさんの種類があります。

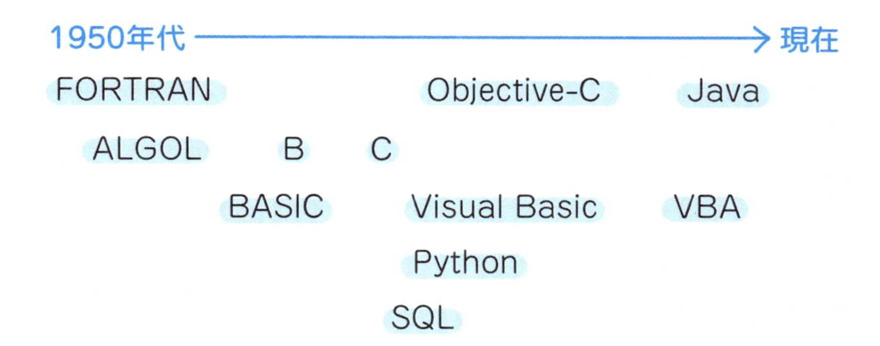

プログラミング言語の得意分野

コンピュータに指示を出すプログラミング言語ですが，どのように指示を出すか，それぞれのプログラミング言語で文法やしくみが違います。また，プログラミング言語には，得意分野と不得意分野があります。

C言語は家電に組み込むプログラムから企業内部で使われるシステム，ゲームまで広く使われています。C言語の使いにくい部分を改善してできた比較的新しいプログラミング言語がJavaで，企業内部で使われるシステムからスマホアプリまで広く使われています。

C言語やJavaのように汎用的なプログラミング言語だけではなく，データ分析に特化したPython，データベースに特化したSQLなどもあります。

代表的なプログラミング言語を，得意分野で分けてみると次のようになります。

ゲーム、スマホアプリ

プログラムが動く速度と，必要とされたときにはエラーが発生しても
停止しないで動作し続ける堅牢さが重視される。

C言語，C++，C#，Objective-C，Java，Swiftなど

Web

Webページを構成する全てのオブジェクトを操作できる。なお，Javaと
JavaScriptはまったく別のプログラミング言語。

JavaScript，TypeScriptなど

組み込み

組み込みとは，家電などに組み込むプログラム。確実な動作が必要。

C言語など

サーバ

サーバとは，ソフトウェアやデータを供給するもの。Web向けでは
変更しやすさ，企業などの内部システムでは堅牢さが重視される。

Java，Perl，PHP，Python，Rubyなど

データ分析

データ分析専用に開発された。近年，AIでの利用もなされている。

Pythonなど

データベース

データベースに新しいデータを書き込んだり，データベースから
データを引き出したりするプログラミング言語。

SQL

このように，プログラミング言語にはそれぞれ得意分野と不得意分野があるため，何種類ものプログラミング言語を組み合わせて使うこともあります。

数あるプログラミング言語の中でも有名なC言語，Java，VBA，Pythonについては，あとで詳しく説明します。

低水準言語と高水準言語

さきほど，コンピュータはマシン語で動くという説明をしましたが，マシン語は0と1しか使えない2進数でできています。詳しくは第6章で見ますが，2進数は16進数で表すことも可能です。

16進数をわかりやすい表現に置き換えた**アセンブリ言語**もありますが，どちらにしても文字や数字の羅列で，人間には読み書きしにくいものです。アセンブリ言語のような，マシン語に近い言語を**低水準言語**といいます。

なお，アセンブリ言語のことを**アセンブラ**ということもあります。

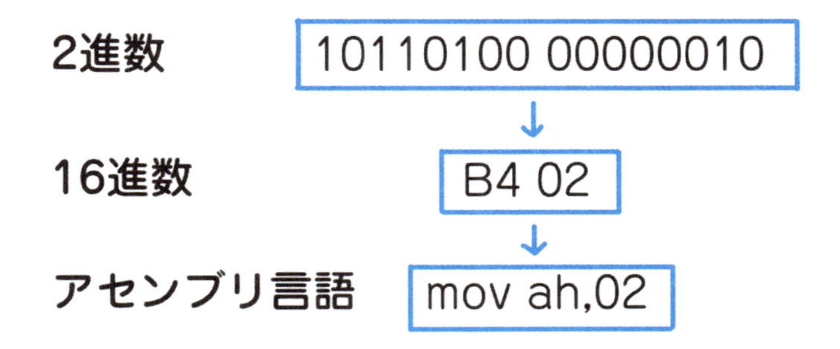

人間が読み書きしにくい言語だと，複雑で大規模なプログラムを作るのに大変な手間がかかってしまいます。そこで生み出されたのがC言語，Javaなどの**高水準言語**です。あとからC言語やJavaを実際に見ていきますが，人間が使う言葉に近く，読み書きしやすくなっています。

なお，高水準言語のことを**高級言語**ということもあります。

C言語

```
int main(void)
{
 printf("商品一覧");
 return 0;
}
```

スクリプト言語

スクリプト言語は広い意味を持っていて，まず，簡単なプログラムを作るためのプログラミング言語のことをスクリプト言語ということがあります。Webで使うPHPなどのプログラミング言語です。

さらに，動的型付けのプログラミング言語をスクリプト言語ということがあります。動的型付けというのは，第3章で説明する基本的な「型＋変数」という形ではないプログラミング言語のことで，JavaScriptが代表例です。

Scratch

Scratch（スクラッチ）は，子供のプログラミング教育のために開発されたプログラミング言語です。あらかじめ書かれたプログラムを「プログラムブロック」という視覚的にわかりやすい形で表し，いくつかのプログラムブロックを並べ替えることでコンピュータへの指示が完了するしくみです。

プログラミング言語の構文（文法）を詳しく知らなくても，プログラムブロックを順序良く並べ替えることでプログラミングの考え方を学ぶことができます。

理解度チェック

- □プログラミング言語にはさまざまな種類がある。［　　　］は家電に組み込むプログラムから企業内部で使われるシステム，ゲームまで広く使われているプログラミング言語である。　　C言語
- □比較的新しいプログラミング言語で，企業内部で使われるシステムからスマホアプリまで広く使われているのが［　　　］である。　　Java
- □汎用的ではなく，データ分析に特化した［　　　］というプログラミング言語もある。　　Python
- □アセンブリ言語のような，マシン語に近い言語を［　　　］という。　　低水準言語
- □人間が使う言葉に近いプログラミング言語を［　　　］という。たとえばC言語やJavaが［　　　］である。　　高水準言語(高級言語)

  ※2ヵ所に同じ言葉が入る。
- □Scratchは，子供のプログラミング［　　　］のために開発されたプログラミング言語である。　　教育

02 C言語

▶まずは基本的なプログラミング言語であるC言語を見ていきましょう。

C言語とは

C言語(シーげんご)は，多くのプログラミング言語の元になっている古くからあるプログラミング言語です。

企業で使われるシステムや家電，OS，ゲームなど今でも広く使われています。他のプログラミング言語にも通じる基本的な文法を使う点，PC以外の家電や機器の制御にも用いることができる点が特徴的です。

古くからある言語ゆえの難しさもありますが，うまく使いこなせば，ほとんどのことはC言語で実現することができるでしょう。

炊飯器から，企業内部のシステム，ゲームまで
幅広く使われている

C言語を使ってみよう

さっそく商品を管理するアプリを作っていきたいと思います。まず，C言語を使って，画面に「商品一覧」という文字を表示させてみましょう。

C言語では次のようにプログラムを書きます。

Shohin.c

```
#include<stdio.h>

int main(void)
{
 printf("商品一覧");
 return 0;
}
```

実際にスマホの画面に表示させると，次のようになります。

初めてC言語のプログラムを見た人もいらっしゃると思いますので，まずは基本的なことから説明します。

まず，日本語や英語のような言語にそれぞれ文法があるように，C言語にはC言語の文法があります。文法に従って書かなければ，コンピュータは指示を受け付けてくれません。

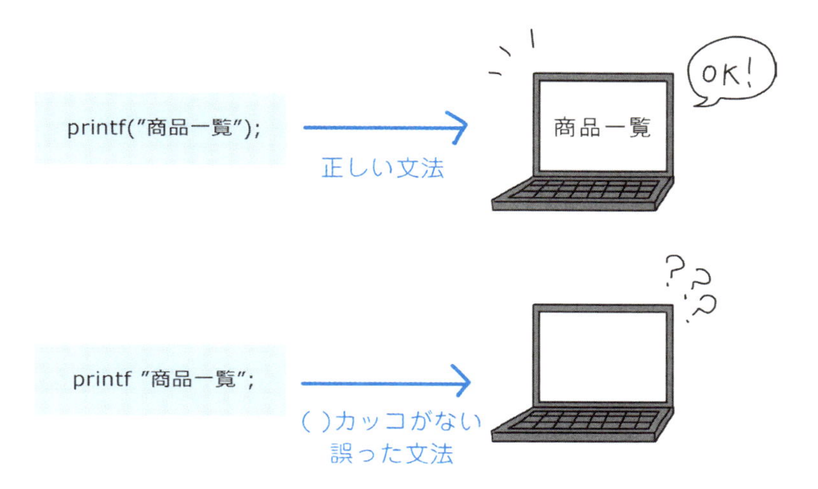

また，プログラミング言語を使う際には次のことに注意しなければいけません。これはC言語だけでなく，他のプログラミング言語でも共通のルールです。

- 英数字は基本的に半角で入力する。

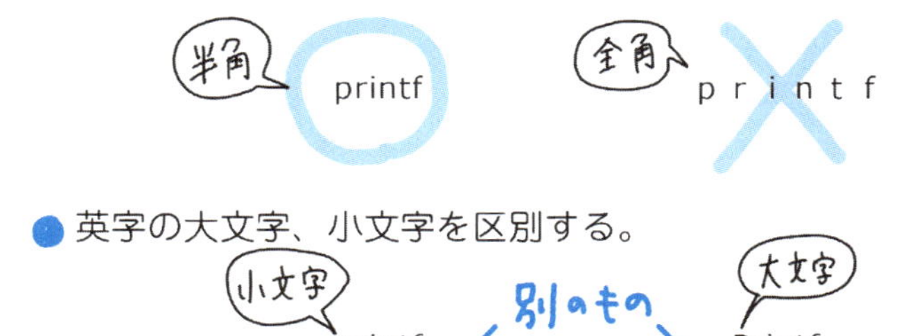

- 英字の大文字、小文字を区別する。

- 記号は基本的に半角で入力する。

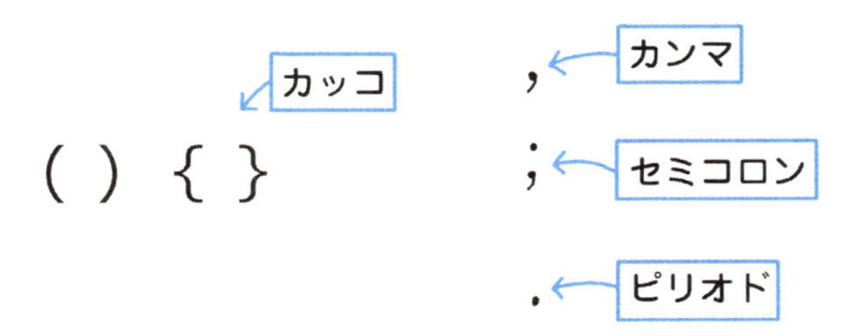

C言語のしくみ

それでは先ほど書いたプログラムを上から順に見ていきましょう。ここでは，わかりやすいように①から⑥までの番号と説明をつけておきます。

```
Shohin.c
```
①このプログラムはC言語で書かれていて，ファイル名は「Shohin」です。

```
#include<stdio.h>
```
②標準入出力のプログラムです。

```
int main(void)
```
③ここから先の{}の中は，main関数です。

```
{
 printf("商品一覧");
```
④画面に表示する　⑤「商品一覧」と

```
 return 0;
```
⑥プログラムが正常に終了した。

```
}
```

①ファイル名

パソコンを使ったことがある人は知っていると思いますが，ファイルにはファイル名と**拡張子**（かくちょうし）が付きます。拡張子とは，ファイルの種類を識別するために付けられる記号のようなものです。

たとえば「営業報告.docx」は，営業報告というファイル名のWord文書ということになります。ファイルの種類はWord文書であることが，「.docx」という拡張子でわかります。

C言語で書かれたプログラムのファイルには「.c」という拡張子が付きます。ファイル名は自分で決められますが，日本語で「商品.c」とするよりも，「Shohin.c」「Goods.c」などローマ字や英語で書きましょう。

水色で囲われた部分が「Shohin.c」の内容です。プログラミング言語で書かれた指示の内容をソースコード，あるいは省略してコードといいます。なお，ソースコードを書くことをコーディングということもあります。

②最初に書く文

C言語では最初にstdio.hについて書きます。これはstandard input and outputの略で「スタンダード・アイ・オー」と読みます。標準入出力のプログラムという意味です。

③main関数

int main(void)は，ここから先の{ }の中はmain関数だということを示しています。{ }の中ですから，④⑤⑥のことを指しています。

{ }で囲まれた中をブロックといいます。{ }や( )などのカッコをよく使いますが，種類を混在しないように注意してください。

④関数と⑤変数

関数と変数についてはあとで詳しく説明します。これがコンピュータに対する「画面に商品一覧と表示しなさい」という直接的な指示になります。C言語では１つの文の最後には必ず;（セミコロン）をつけます。

⑥最後に書く文

C言語では最後にreturn 0;と書きます。プログラムが正常に終了したという意味です。

読みやすいソースコード

複雑なプログラムになってくるとソースコードは何百行にもなり，自分で見返したときに読みやすくしておくことが重要になります。また，ソースコードは自分１人で扱うのではなく，会社では上司に見てもらったり，自分が部署異動になったときに他の人へ引き継ぐこともあります。そこで，誰でも読みやすいソースコードを書くことが大切です。

さきほどのソースコードを，次のように修正してみます。

Shohin.c

```
/*商品一覧アプリ
作成日2019年5月29日*/

#include<stdio.h>

//トップに表示する内容
int main(void)
{
 printf("商品一覧");
 return 0;
}
```

ソースコードに/*や//を追加しました。この記号をコメントといい，コンピュータへの指示から除かれます。つまり，コンピュータはこの記号の部分を飛ばして理解してくれるので，私たちがわかりやすいように，好きな文章を書きこんでおけるのです。

最初の下線部分は，/*と*/で囲まれた部分にコメントを書いています。/*と*/で囲めば，中に何行でも書いて良い決まりです。上の例のように，ソースコードの内容や，作成日，作成者などを書くことも多いです。

次の下線部分は，//で始まる行にコメントを書いています。//は，その行の文末まで有効です。改行してしまうとコンピュータへの指示と捉えられてしまうので気を付けましょう。

また，読みやすいソースコードには，字下げ（インデント）も必要です。

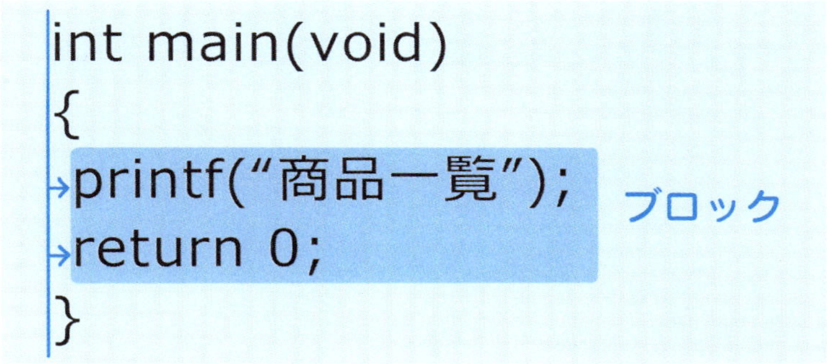

```
int main(void)
{
→printf("商品一覧");
→return 0;
}
```

ブロック

字下げとは，{ }で囲まれたブロックの中にあるソースコードを，右側に1字分ずらすことをいいます。こうすることで，ブロックの中にあるソースコードであることがわかりやすくなります。

理解度チェック

□プログラミング言語では，英数字は基本的に半角で入力するが，英字の大文字・小文字の区別はしなくてもよい。

×

➜プログラミング言語では，英数字は基本的に半角で入力し，英字の大文字・小文字を区別します。

□C言語の拡張子は「.c」なので，商品管理のプログラムのファイル名は「商品管理.c」と付けるとよい。

×

➜エラー防止などのため，ファイル名は半角英数字で付けるのが基本なので「Shohin.c」「Goods01.c」などの半角英数字で付けるのが望ましいです。

□C言語では最後に「return 1;」と書く。

×

➜C言語では，最後に「return 0;」と書きます。プログラムが正常に終了したという意味です。

□/*と*/の間にある文章は，何行書いてもコメントとして扱われる。

○

➜/*と*/の間にある文章は，何行書いてもコメントとして扱われます。なお，//のあとにある文章はその1行だけコメントとして扱われます。

□プログラミングは１人で行うものなので，自分だけにわかる記号やマークを付けておくとよい。

×

➜自分で見返したときに読みやすく，他の人でも読みやすいソースコードを書くことが大切です。そのためにはコメントや字下げ（インデント）を使うのが有効です。

03 Java

▶さまざまな場面で使われているJava。オブジェクト指向についても理解しましょう。

Javaとは

Java（ジャバ）は，C言語と同じように，企業で使われるシステムや家電，ゲームなど広く利用されています。さらにインターネットで使うソフトウェア開発でも使われています。

Javaは，オブジェクト指向のプログラミング言語です。オブジェクト指向についてはあとで詳しく説明しますが，従来からあるC言語などを，さらに使いやすく改良した新しい言語です。

企業内部のシステムからスマホアプリまで
幅広く使われている

Javaを使ってみよう

Javaで商品を管理するアプリを作っていきたいと思います。まず，画面に「商品一覧」という文字を表示させてみましょう。

Javaでは次のようにプログラムを書きます。

Shohin.java

```
package sample;

public class shohin01
{
 public static void main(String[] args)
 {
  System.out.println ("商品一覧");
 }
}
```

実際にスマホの画面に表示させると，次のようになります。

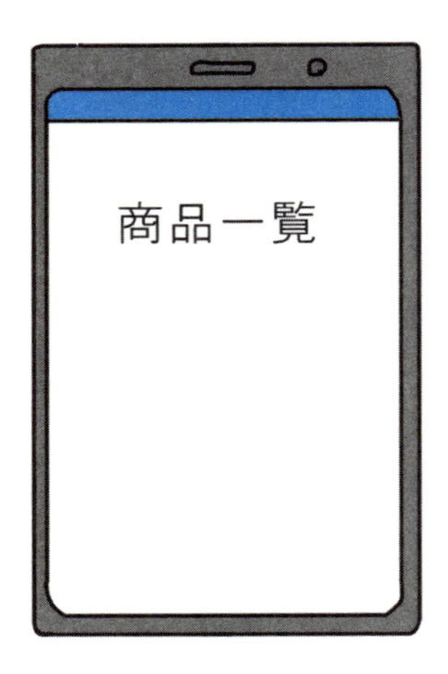

Javaは，C言語を参考にして，使いやすいように進化させたプログラミング言語で，パッと見た感じはC言語に似ています。また，C言語の知識をそのまま使える部分も多いです。

たとえば，{ }で囲まれた中をブロックということや，字下げ（インデント）や改行，/*や//の部分（コメント），最後を;(セミコロン）で締めくくるというルールもほとんど同じです。

オブジェクト指向

Javaと C言語はソースコードの見た目は似ていますが，大きく違う点があります。C言語では，コンピュータに対する指示を，流れに沿って順にプログラミング言語で書いていくという意味で手続き型と呼ばれています。コンピュータの立場に立ってプログラミングをするイメージです。

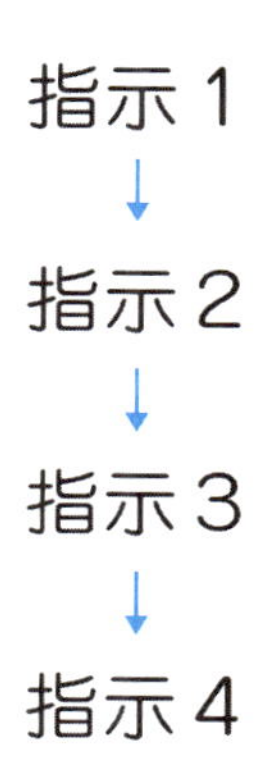

手続き型では，コンピュータへの指示の順に，ソースコードを上から順に書いていきます。そして，指示は上から順に実行されます。

一方，それぞれの指示を別々に書き，各指示の間でやり取りができるようにするソースコードをオブジェクト指向（しこう）といいます。オブジェクト指向でプログラミングすることをオブジェクト指向プログラミングということもあります。

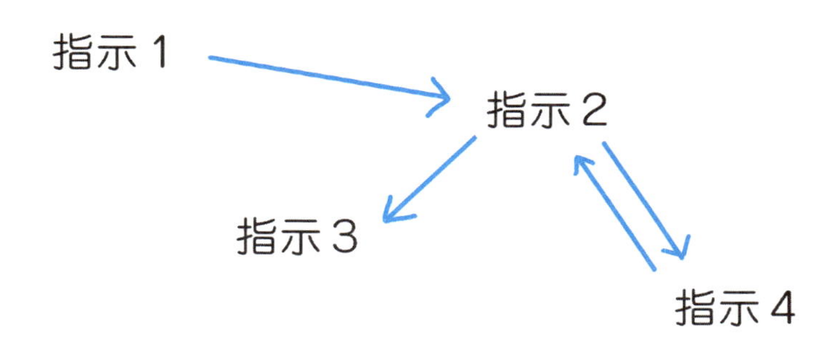

オブジェクトとは，現実にあるモノという意味です。実現したいことに焦点を当て，プログラムを使う私たちの立場に立ってプログラミングをするイメージです。

オブジェクト指向は難しいという人もいますが，考え方と扱い方を習得すれば，非常に便利です。

オブジェクト指向のメリット

従来は，C言語など手続き型のプログラミング手法でプログラミングをしていました。しかし，環境の変化によって，手続き型では対応が難しい案件についてオブジェクト指向のプログラミング言語が開発されたのです。

それでは，オブジェクト指向のプログラミング言語にはどのようなメリットがあるのか見ていきます。

❶修正や追加が簡単にできる

指示2と指示3の間に新たに指示5を追加する場合，手続き型だと前後の関係を考えて書き直さなければいけません。一方，オブジェクト指向では，新たに指示5を書き，つなぎなおすだけで良いのです。機能の修正や追加がとても簡単にできます。

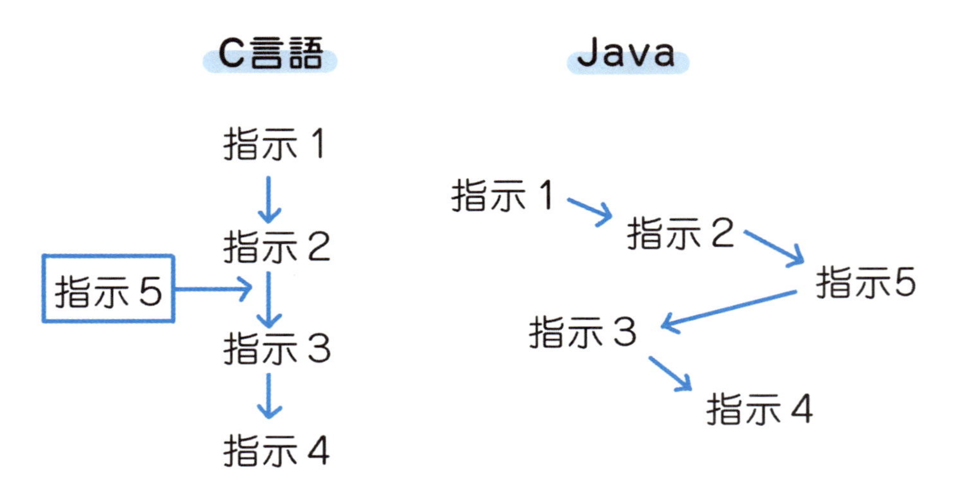

❷大人数で作業がしやすい

手続き型のプログラミングでは指示を順番に書いていかなければいけないので，前後の調整が必要で，少人数の方が作業しやすいです。一方，オブジェクト指向では各指示を別々の人が書き，最後につなぎ合わせることが簡単にできます。大規模なプロジェクトにも対応しやすい言語なのです。

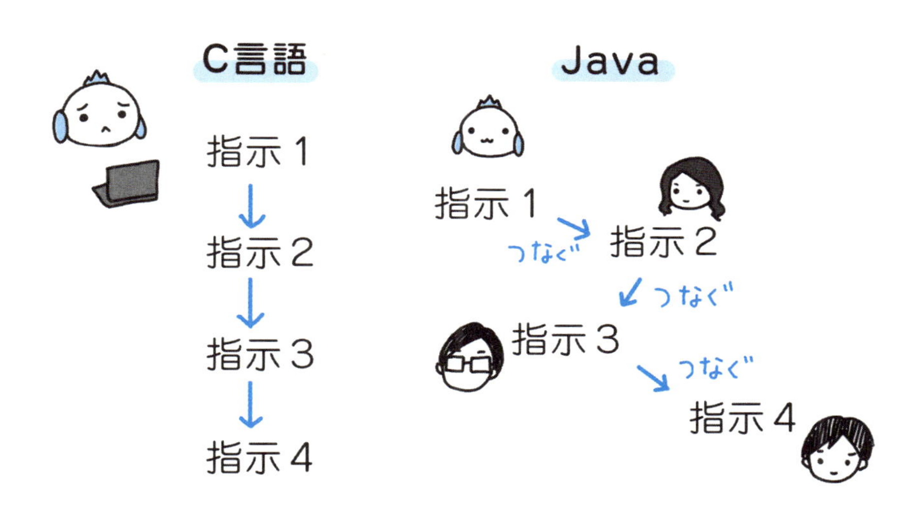

Javaのソースコード

それでは，Javaのソースコードを詳しく見ていきましょう。

Shohin.java
①このプログラムはJavaで書かれていて，ファイル名は「Shohin」です。

```
package sample;
```
②「sample」というパッケージにあります。

```
public class shohin01
```
③この先の{}の中は「shohin01」というクラスにあります。

```
{
 public static void main(String[] args)
```
④この先の{}の中はmain関数です。 ⑤型はStringです。

```
{
  System.out.println ("商品一覧");
```
⑥「商品一覧」と表示します。

```
 }
}
```

①ファイル名

半角英数字でファイル名をつけます。Javaの拡張子は「.java」です。

②③プログラムが書いてある場所を示す

JavaはC言語よりも前置きが長いです。これはオブジェクト指向ならではの書き方です。

先ほど指示1，指示2，…と説明していましたが，正式な名前はパッケージとクラスです。各クラスにメソッドと命令文が入っています。

パッケージ：クラスをまとめて管理するためのものです。
クラス：１つの大きな指示を書いたソースコードのまとまりのことです。
メソッド：複数の命令文をまとめたものです。
命令文：コンピュータへの直接的な指示の文です。

概念図は次のとおりです。

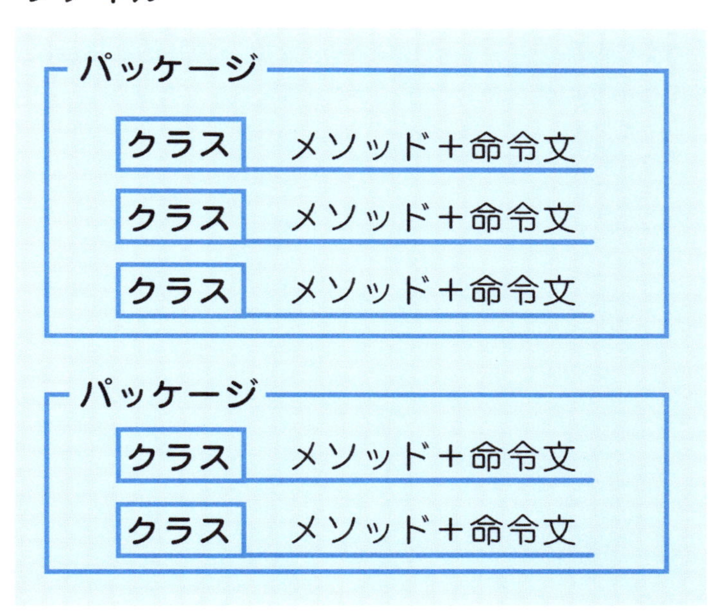

このように細かく分類されているので，まず最初に，どこのパッケージのどこのクラスにソースコードを書いているのか示す必要があるのです。これを「Javaはたくさん書くことがあって難しい」と感じるかもしれませんが，概念図を思い浮かべると理解できると思います。

④mainメソッド

ここから先の{ }の中はmainメソッドだということを示しています。mainメソッドは最初に実行されるメソッドです。

⑤型

型について詳しくはあとで説明しますが，String型は文字を扱うことができます。今回は「商品一覧」という文字を表示させるプログラムなのでString型を指定しています。

⑥関数と変数

関数と変数についてはあとで詳しく説明します。これがコンピュータに対する「画面に商品一覧と表示しなさい」という直接的な指示になります。Javaでも１つの文の最後には必ず;（セミコロン）をつけます。

理解度チェック

☐Javaは，代表的なオブジェクト指向のプログラミング言語である。

○

➜Javaは代表的なオブジェクト指向のプログラミング言語です。オブジェクト指向は，修正や変更がしやすいというメリットがあります。

☐Javaは，パッケージの中にクラスがあり，クラスにメソッドと命令文が書かれる。

○

➜Javaはパッケージの中にいくつかのクラスがあり，クラスの中にメソッドと命令文が書かれます。Javaにおいてクラスの考え方は重要です。

☐JavaはC言語と違い，文の最後に「;」を付けないのが特徴である。

×

➜JavaもC言語と同じく，文の最後に「;」を付ける必要があります。

04 VBA

▶ここからは少し趣向を変えて，Excelマクロを作るためのプログラム言語VBA（ブイビーエー）を見ていきましょう。

VBAとは

VBA(ブイビーエー)はVisual Basic for Applicationsの略です。VBAは，Excelのマクロを作るためのプログラミング言語です。C言語やJavaのような汎用的なプログラミング言語ではなく，Excelの作業を効率化するという機能に特化したプログラミング言語です。

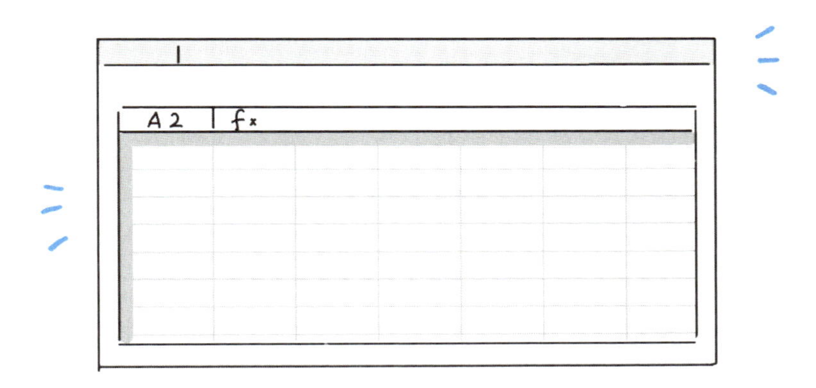

Excelの作業を効率化するという機能に特化

マクロというのは，Excelの作業を自動で行わせる手順書です。マクロを使えば，人間が何時間もかかる作業が数秒で完了することもあり，効率的に仕事を進めるうえでとても便利なツールです。

社会人の方の中には，Excelは使い慣れているけど，マクロを勉強してみたいな…と考えている方も多いと思います。

また，Excelを使っている方の中には，Excelの中にマクロを自動的に作る機能があることをご存知の方もいるかもしれません。自動的に作成されたマクロも，実はVBAで書かれています。

VBAを使ってみよう

VBAはVBEを使って書きます。VBEはVBAを編集するための専用のツールです。また，VBAを書く場所をモジュールといいます。

それではVBAのソースコードを見ていきましょう。

```
Sub 商品一覧作成( )
    Range(“A1”).Value = “商品一覧”
    Range(“A2”).Value = “ドッグフードM”
    Range(“B2”).Value = 120
End Sub
```

Excelには次のように表示されます。

B2 | fx

	A	B	C
1	商品一覧		
2	ドッグフードM	120	
3			
4			
5			
6			

VBAには，これまで学習したC言語やJavaとは異なる重要なルールがあります。それは，半角スペースの位置や数を正しく記述しなければいけないということです。

字下げ（インデント）は，パソコンのTabキーで正しく行うことができます。

VBAを詳しく見てみよう

さきほどのソースコードに説明を追加しました。

```
Sub 商品一覧作成( )
①Subプロシージャの名前は「商品一覧作成」です。
    Range("A1").Value = "商品一覧"
    ②A1のセルに「商品一覧」と表示する。
    Range("A2").Value = "ドッグフードM"
    ③A2のセルに「ドッグフードM」と表示する。
    Range("B2").Value = 120
    ④B2のセルに「120」と表示する。
End Sub
⑤Subプロシージャの終わり。
```

①Subプロシージャ名

VBAでは，Excelに指示する作業のまとまりを**Subプロシージャ**といいます。Subプロシージャには名前を付け，ソースコードの一番最初に書きます。今回は「商品一覧作成」という名前を付けました。

Subと商品一覧作成の間には半角スペースを入れ，( )の間にはスペースを入れないように注意しましょう。また，SubのSは大文字です。

②③④命令文

Excelに対する指示を書きます。A1，A2，B2というのは，Excelのセルの位置を表しています。

字下げ（インデント）はTabキーで調整し，=の前後に半角スペースを入れます。

⑤Subプロシージャの終わり

Subプロシージャの終わりを示す文を書きます。

EndとSubの間に半角スペースを入れます。また，EndのEとSubのSは大文字です。

理解度チェック

□VBAは，C言語やJavaと同じ，汎用的なプログラミング言語である。

×

➔VBAは，Excelのマクロを作成するための専用のプログラミング言語です。汎用的というのは「さまざまな場面で使うことができる」という意味ですので，VBAには当てはまりません。

□VBAは，VBEを使って書く。

○

➔VBAは，VBEを使って書きます。VBEはVBAを編集するための専用のツールです。

□VBAにおいて，Excelに指示する作業のまとまりをマクロという。

×

➔VBAにおいて，Excelに指示する作業のまとまりをSubプロシージャといいます。マクロは，Excelの作業を自動で行わせる手順書のことです。

□Subプロシージャの最後にはEnd Subと書く。

○

➔VBAにおいて，Excelに指示する作業のまとまりをSubプロシージャといいます。
Subプロシージャの最後にはEnd Subと書きます。

05 Python

▶AIの開発言語として注目されるプログラミング言語Python（パイソン）について見ていきましょう。

Pythonとは

Python（パイソン）は，Javaと同じオブジェクト指向のプログラミング言語です。簡単でわかりやすいソースコードと，ライブラリプログラム（P61参照）が充実していることが特徴です。

Pythonには数値計算のライブラリプログラムが用意されているため，大量のデータを高速に処理することが可能です。そのため，データベースを駆使して動作するAIの開発言語として注目されています。

Pythonを使ってみよう

Pythonでスマホの画面に「商品一覧」という文字を表示させてみましょう。Pythonでは次のようにプログラムを書きます。

Shohin.py

①このプログラムはPythonで書かれていて，ファイル名は「Shohin」です。

```
print("商品一覧")
```

②「商品一覧」と表示します。

実際にスマホの画面に表示させると，次のようになります。

Pythonのソースコードは C 言語やJavaより簡単で，次のようになっています。

①ファイル名

半角英数字でファイル名をつけます。Pythonの拡張子は「.py」です。

②命令文

Pythonにも型はありますが，print関数の場合String型と指定しなくても自動的に文字列を指定して実行します。

また，１つの文の最後に；（セミコロン）を付ける必要はありません。

理解度チェック

□Pythonは，Javaと同じオブジェクト指向のプログラミング言語である。

○

→Pythonも，Javaと同じオブジェクト指向のプログラミング言語です。それぞれの指示を別々に書き，各指示の間でやり取りができるようになっています。修正や追記がしやすく，大人数で作業がしやすいので，大規模なシステム開発にも向いています。

□PythonにはVBEが用意されているため，大量のデータを高速に処理することが可能である。

×

→VBEは，Excelのマクロを作るためのプログラミング言語であるVBAを編集するためのツールです。Pythonには数値計算のライブラリプログラムが用意されているため，大量のデータを高速に処理することが可能です。そのため，AIの開発言語として使われます。

試験対策

06 プログラミングのしくみ

▶プログラミング言語で書いたソースコードで，どのようにコンピュータへ指示されるのか見ていきましょう。

第2章 プログラミングをしてみよう

インタプリタ方式とコンパイラ方式

プログラミング言語で書いたソースコードでコンピュータへ指示する方法は，インタプリタ方式とコンパイラ方式の2通りあります。

インタプリタ方式　　コンパイラ方式

まずはこれまでの復習もかねて，インタプリタ方式とコンパイラ方式の共通の手続きから見ていきましょう。C言語を例にすると，私たちは次のようなソースコードを書きました。ソースコードはコード，ソースプログラムということもあります。

ソースコードはエディタで書きます。エディタは英数字・全角半角を含めた文字情報を書くためのソフトウェアで，テキストエディタということもあります。

```
#include<stdio.h>

int main(void)
{
 printf("商品一覧");
 return 0;
}
```

ソースコード
（コード，ソースプログラム）

エディタ（テキストエディタ）で書く

インタプリタ方式

インタプリタ方式は，人間向けのソースコードのまま，プログラムをコンピュータへ送り込みます。コンピュータで，インタプリタがプログラムを1行ずつ解読しながら実行していきます。

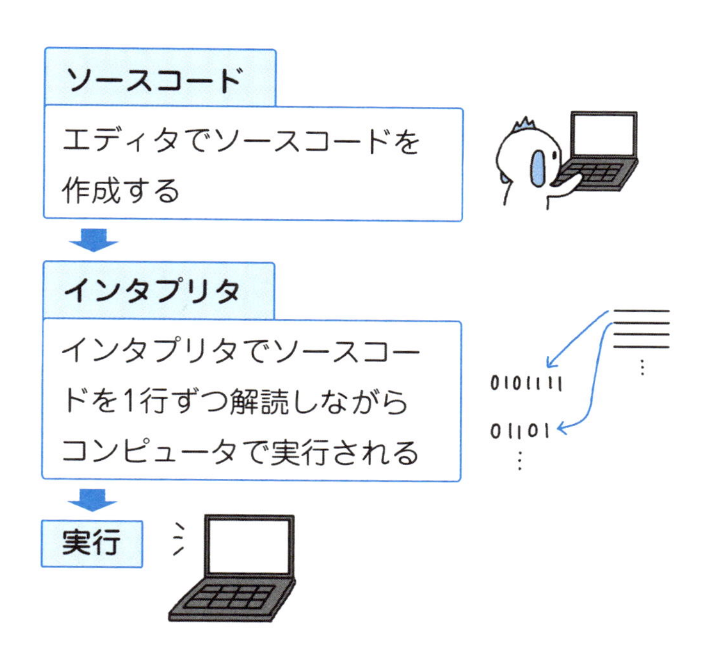

インタプリタ方式は，修正・変更しやすいという長所があります。一方，正しくないソースコードがあっても，インタプリタがそのソースコードを読むまでわからないので，エラーを見つけにくいという短所があります。

インタプリタ方式の代表的なプログラミング言語には，JavaScript，Python，Rubyがあります。

コンパイラ方式

コンパイラ方式は，コンパイラというプログラムで，ソースコードをマシン語に翻訳してからコンピュータへ送り込みます。これをコンパイルまたはビルドともいいます。OSやゲームなどの大規模で速度重視のプログラムで使われています。

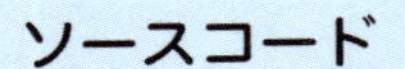

エディタでソースコードを作成する

ソースファイル

ソースコードをソースファイルとして保存する

コンパイル

ビルドともいう

コンパイラでソースファイルをマシン語に変換する

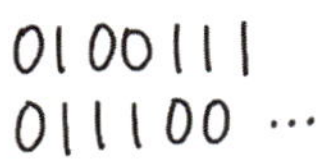

実行可能ファイル

実行可能プログラムの入った実行可能ファイルが作成される

コンパイラ方式は，指示がコンピュータへ送られる前のコンパイルする時点でエラーが見つかりますので，事前にエラーを見つけやすい方法です。また，すべてマシン語でコンピュータへ送り込まれるので，実行速度が速いという長所があります。

一方，一部だけ修正するとしても再度コンパイルしなおさなければいけないので，修正・変更に時間がかかるという短所があります。

コンパイラ方式の代表的なプログラミング言語は，C言語，Javaです。

デバッグ

インタプリタ方式とコンパイラ方式で，最後に「実行」すると説明しましたが，「実行」の前にデバッグという作業をしなければいけません。

プログラムの誤りをバグといいますが，バグを発見してプログラムが正しく実行できるように修正する作業がデバッグです。デバッグを助けるプログラムをデバッガといいます。

ライブラリプログラム

よくある指示を別の場所へ置いておき，必要なときに取り出すプログラムをライブラリプログラム（ライブラリ）といいます。

これだけ聞くと難しそうですが，実際の使われ方を知ると簡単です。

たとえば，スマホのアプリを作るときは，機種によってスマホの画面サイズがバラバラなので，アプリの画面の大きさをスマホに合わせるプログラムが必要です。

そのプログラムが5行必要だとすると，ページ移動するたびに5行プログラムを書かなければいけません。めんどうですし，エラーの可能性が高まります。

そこで，ライブラリに画面の大きさをスマホに合わせるプログラムを書いておき，各ページでそれを呼び出します。

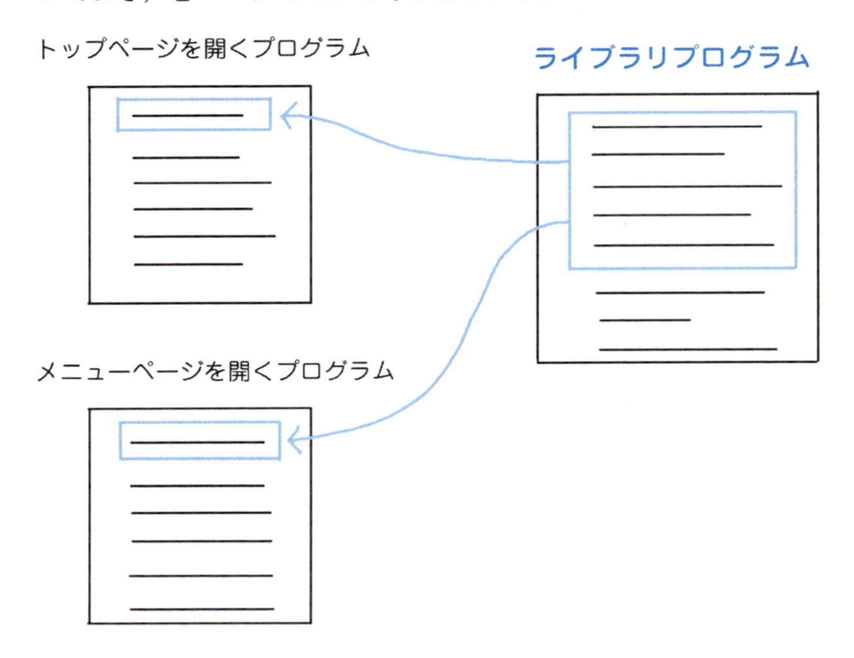

また，あるプログラムがライブラリを参照している場合，各プログラムとライブラリを結合して実行可能ファイルを作成することを**リンカ**（**リンク**）といいます。

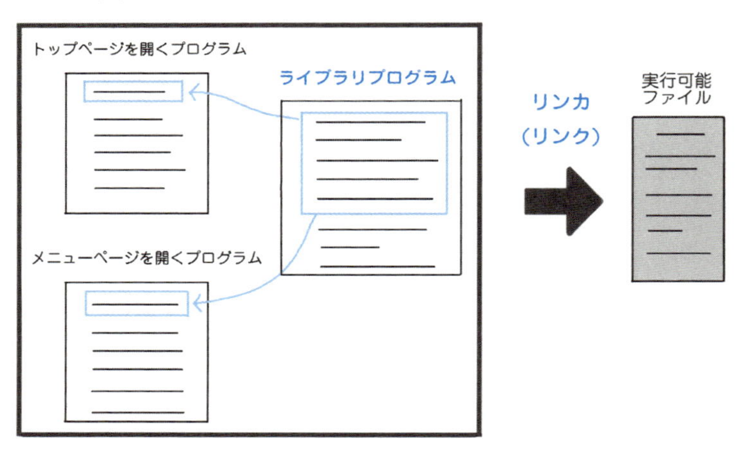

ライブラリプログラムは自分で作成することもできますが，プログラミング言語の提供者が無料で配布していることもあります。先ほど説明したPythonでは，言語の解析やビッグデータの解析などのライブラリプログラムが無料配布されています。

言語の解析のプログラムを自分で書くのは大変ですが，ライブラリプログラムを呼び出すだけなら簡単です。言語の解析やビッグデータの解析などのAIに必要なプログラムが豊富に無料配布されていることから，PythonはAIの開発言語として利用されているのです。

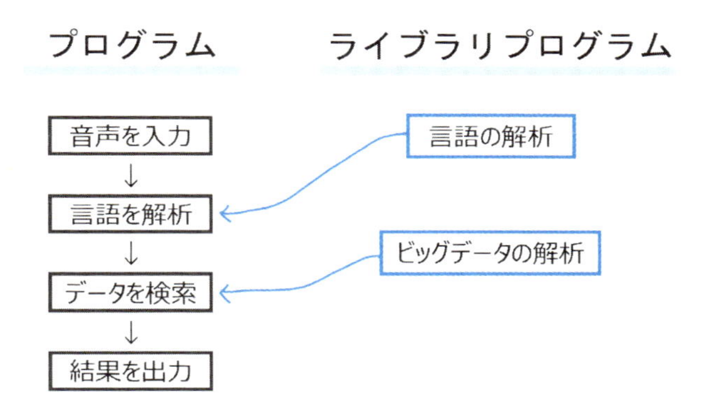

理解度チェック

- □エディタで書いたソースコードを，１行ずつ解読しながらコンピュータで実行される方式を［　　　　　　］方式という。　インタプリタ
- □ソースファイルは，［　　　　　］でマシン語に変換し，実行可能ファイルが作成される。　コンパイラ
- □コンパイラ方式において，ソースコードをマシン語に翻訳してからコンピュータへ送り込むことを，コンパイルまたは［　　　］という。　ビルド
- □プログラムに含まれるバグを発見して，プログラムが正しく実行できるように修正する作業を［　　　　］という。　デバッグ
- □よくある指示を別の場所へ置いておき，必要なときに取り出すプログラムを［　　　　　　　］という。　ライブラリプログラム
- □プログラムＡと，プログラムＡが参照しているライブラリプログラムを結合して実行可能ファイルを作成することを［　　　］という。　リンカ

第3章

型と変数，演算子

プログラミングにおいて，とても大切な考え方である型と変数，
演算子について見ていきましょう。

01 型

▶型(かた)は多くのプログラミング言語において大切な考え方です。

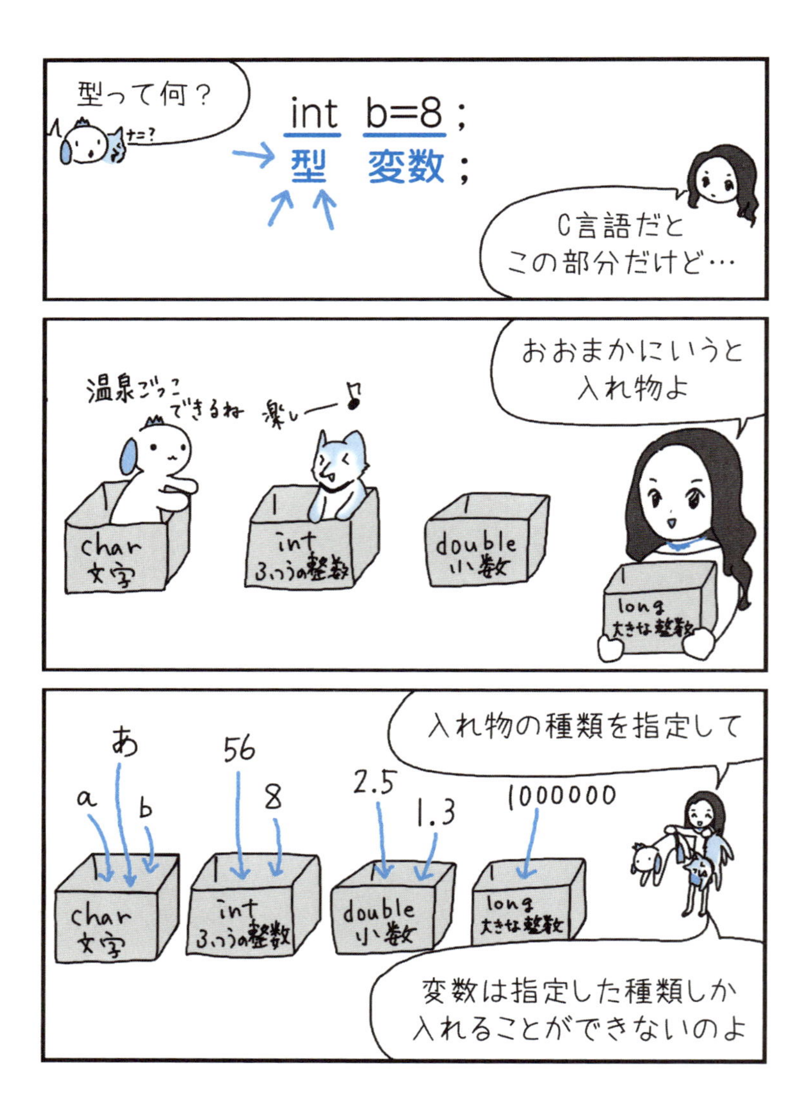

型とは

プログラミングの基本的な文として，型(かた)と変数を使ったものがあります。

型　変数；

型（データ型）とは変数の部分に納めることができるデータの種類のことです。たとえば「いぬ」といった文字列と「56」といった整数は同時に扱えないので，型を指定する必要があります。

型の使い方については，この章の02で詳しく説明します。

型の種類

型にはさまざまな種類がありますが，中でもよく使う3つの型を紹介します。

int

読み方は「イント」で，整数を入れる型です。整数というのは8や－10などのことをいいます。

char

読み方は「キャラ」または「チャー」です。「あ」や「d」など1文字を入れる型です。'あ'のようにクォーテーションマークで囲みます。

string

読み方は「ストリング」です。「あいうえお」や「dogs」など文字列を入れる型です。"あいうえお"のようにダブルクォーテーションマークで囲みます。

その他の型は次のとおりです。暗記するというよりは，プログラミングをしているうちに自然と慣れていきます。

分類	型	説明
整数	short	小さな整数
	int	普通の整数
	long	大きな整数
小数	double	普通の小数
真偽値	bool	真か偽か
文字	char	1文字
	string	文字列

静的と動的

プログラミング言語には，**静的型付け言語**と**動的型付け言語**があります。静的型付け言語は，これまで説明したように，最初にintやcharなど型の種類を指定し，指定された種類の値しか入れることができないプログラミング言語です。C言語，Javaは静的型付け言語です。

さきほどまでの説明で「intとか，charとか，わずらわしいなぁ。難しいなぁ」と感じた人もいると思います。確かに，最初に型の種類を指定しなければいけないのはめんどうですし，型の種類を覚えるのも大変です。

一方，動的型付け言語では型がなく，どんな値も入れることができます。JavaScriptやPHPなどが動的型付け言語で，覚えやすい言語であるといえます。しかし，大規模なプログラムになるとエラーが発見しにくいというデメリットもあります。

理解度チェック

□intは1文字を扱う型である。

×

➜intは普通の整数を扱う型です。1文字を扱う型はcharです。

□「犬」という文字を扱いたい場合はstringの型を使う。

×

➜「犬」という文字を扱いたい場合はcharの型を使います。charは1文字を扱う型，stringは文字列を扱う型です。

02 変数

▶変数の扱い方について見ていきましょう。

変数とは

変数(へんすう)はプログラムの中で値が変わるものです。最初に変数に名前を付けておき，その名前にさまざまな値を代入していきます。

型と変数の使い方

型と変数の使い方はプログラミング言語によって違いますが，おおまかには同じ考え方なので，ここではC言語を例に説明します。

❶変数に名前を付ける

型　変数

変数にhensu01という名前を付ける

型を整数に指定する

❷変数に値を代入する

```
hensu01 = 8;
```

hensu01という名前を付けた変数に
値8を代入する

❸変数を使う

```
printf(hensu01);
```

表示させる　変数

hensu01に代入されている
値8を表示させる

実際に表示させると次のようになります。

このように，まず❶で，型を整数に指定し，変数にhensu01という名前を付けました。❷で変数に値８を代入します。こうすることで，❷の時点ではhensu01には８が入っています。ですので，❸でhensu01を表示させるという指示を書くと，８と表示されます。

さらにこのあと「hensu01 = 11;」と書くと，hensu01から８は消えて11が入ることになります。

配列

配列（**配列変数**）は１つの名前の配列変数に，複数のデータを入れたものです。C言語は配列の使い方が難しいので，配列をよく使うJavaで説明します。

❶配列変数に名前を付ける

型を整数に指定する

```
int[] hairetsu01;
```

型　配列変数

配列変数にhairetsu01という名前を付ける

hairetsu01はintの値が3つ入ることを決める

```
hairetsu01 = new int[3];
```

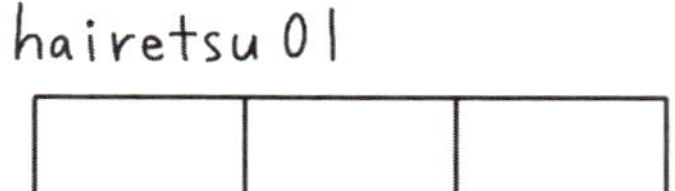

❷配列変数に値を代入する

```
hairetsu01[0] = 8;
hairetsu01[1] = 2;
hairetsu01[2] = 13;
```

hairetsu01の0番目に8を代入，
1番目に2を代入，
2番目に13を代入する
※配列は0番目から始まることに注意

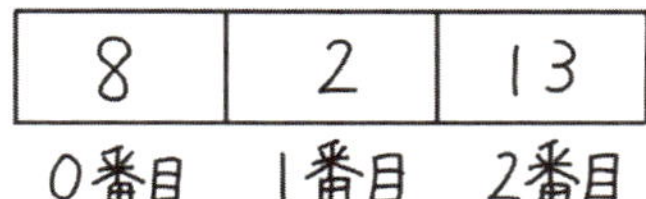

❸配列変数を使う

```
System.out.println(hairetsu01[0]);
```

表示させる　配列変数の0番目

hairetsu01の0番目にある
8を表示させる

実際に表示させると次のようになります。

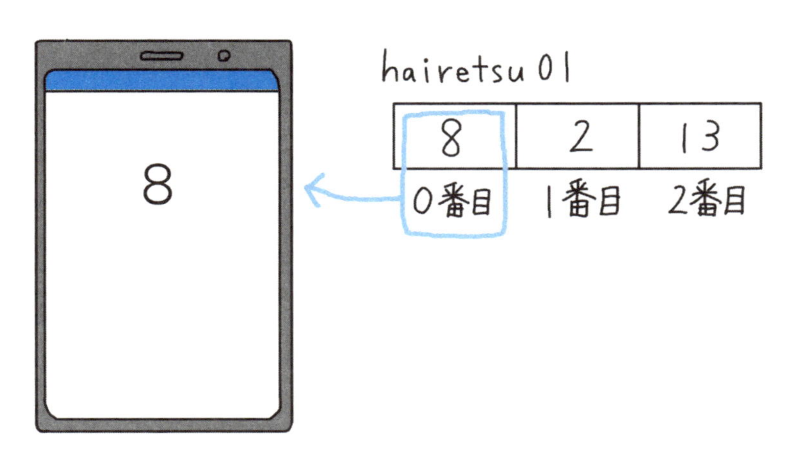

第3章　型と変数，演算子

このように，hairetsu01という変数に，複数のデータを入れたものが配列です。❷で書いたように，配列は0番目から始まることに注意が必要です。

リスト

リストは，1つの入れ物を作り，そこに複数のデータを入れたものです。

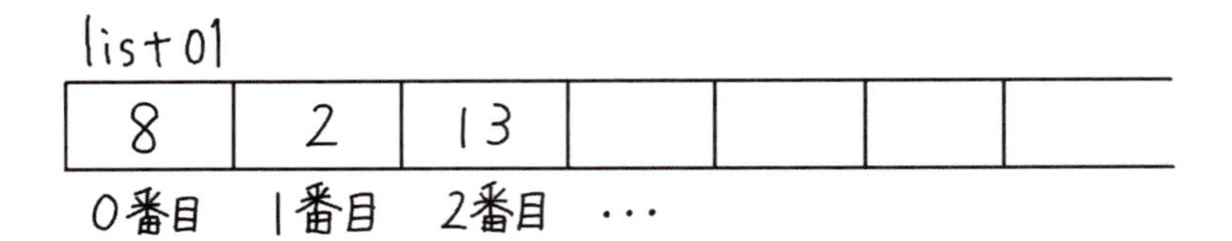

配列と似ていますが，主に次の点が違います。

- 配列は最初に値がいくつ入るか決めなければいけない。リストは決めなくてよい。

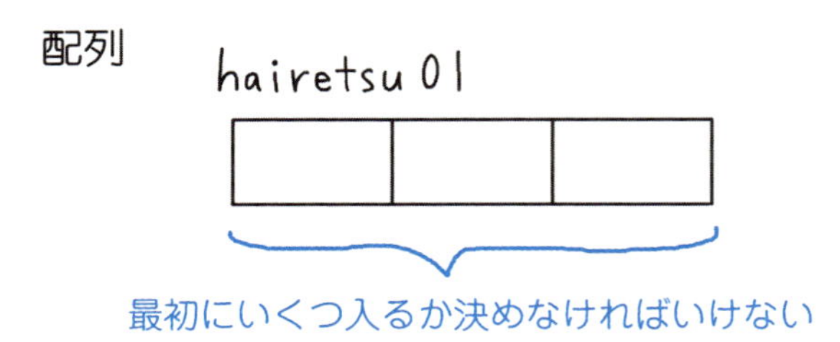

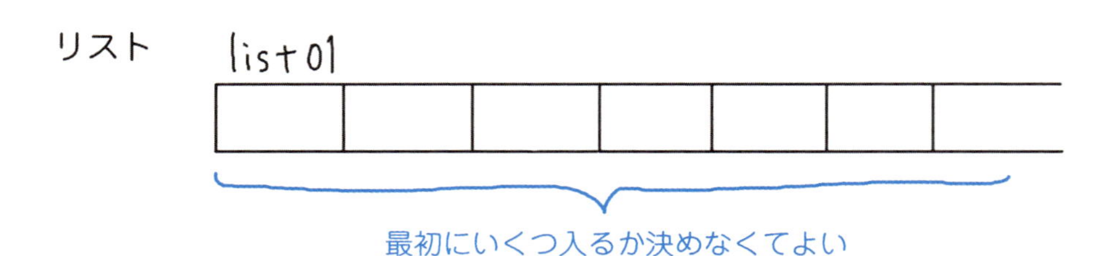

- 配列は一度値を入れると値を追加や削除することはできないが，リストは値を追加や削除することができる。

配列

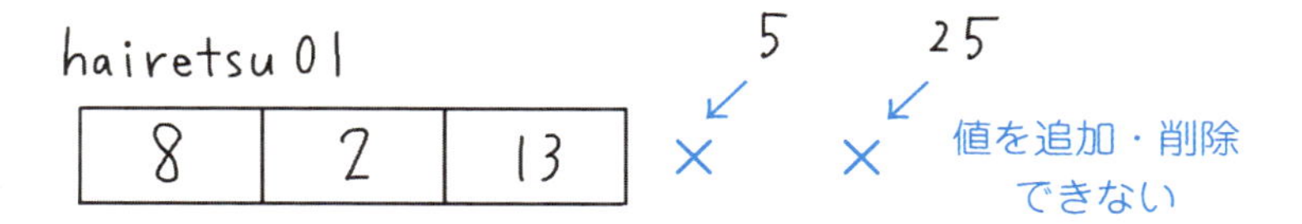

リスト

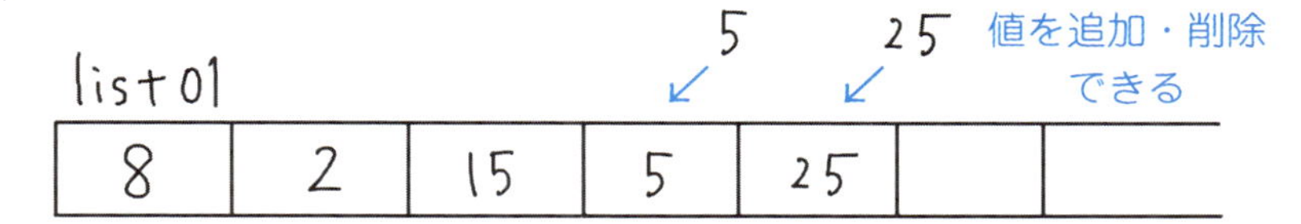

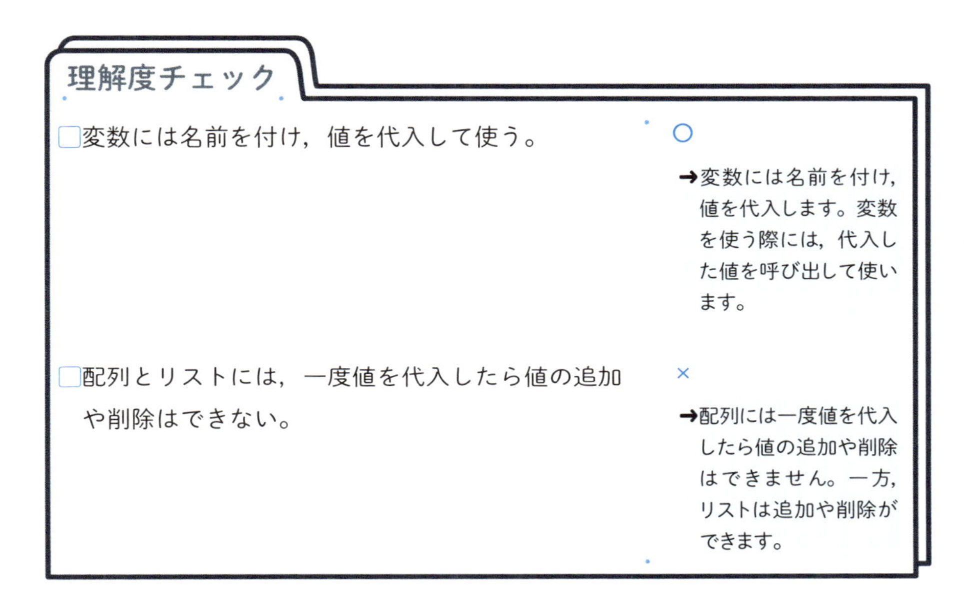

理解度チェック

□変数には名前を付け，値を代入して使う。

○

➜変数には名前を付け，値を代入します。変数を使う際には，代入した値を呼び出して使います。

□配列とリストには，一度値を代入したら値の追加や削除はできない。

×

➜配列には一度値を代入したら値の追加や削除はできません。一方，リストは追加や削除ができます。

03 演算子

▶演算子とは，小学校で学ぶ＋や－のことです。プログラミング言語独自の使い方を見ていきましょう。

演算子とは

演算子とは，「+」などの，計算をするための記号です。小学校の算数で学んだ内容と似ているので，とても理解しやすいと思います。プログラミングでは算数とは違う使い方をしたり，算数とは違う記号を使うこともあります。

また，C言語やJavaを含め，さまざまなプログラミング言語で，ほぼ共通して使うことができるので，演算子を覚えておいて損はありません。

なお，演算子もすべて半角で書きます。

オペランドとは

オペランドとは演算子を使った式で，演算の対象となる値や変数のことです。

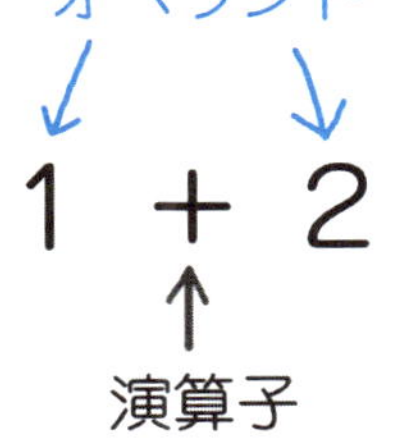

算術演算子

まずは基本的な算術演算子です。算術演算子とは，足し算や引き算などの計算に使う演算子です。

よく使われる算術演算子は次のとおりです。

算術演算子	意味	使い方	結果
+	足す（加算）	1 + 1	2
-	引く（減算）	3 - 1	2
*	掛ける（乗算）	2 * 2	4
/	割る（除算）	10/ 2	5
%	除算の余り	5 % 2	1

算数では，掛け算には「×」を使いますが，プログラミングでは「*」を使うことに注意が必要です。「*」はアスタリスクと読み，使い方は「×」と同じです。

算数では，割り算には「÷」を使いますが，プログラミングでは「/」を使うことに注意が必要です。「/」はスラッシュと読み，使い方は「÷」と同じです。

見慣れない「%」という演算子があります。私たちの生活でよく見る「20%オフ」といった使い方ではないので注意が必要です。プログラミングでは「%」を除算の余りとして使います。

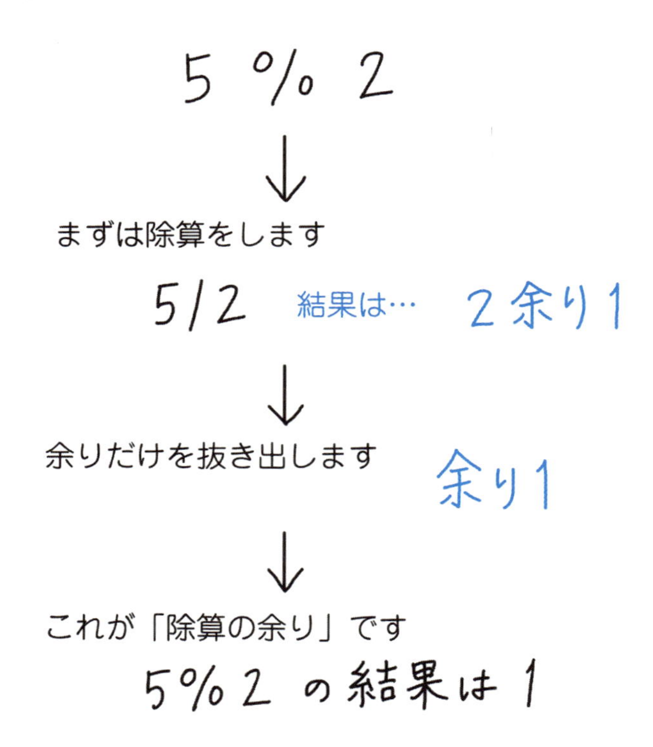

代入演算子

代入演算子とは，演算子の右辺を左辺に代入するための演算子です。代入を表す「=」について説明します。算数の「=」と使い方が全く違うので，注意しましょう。

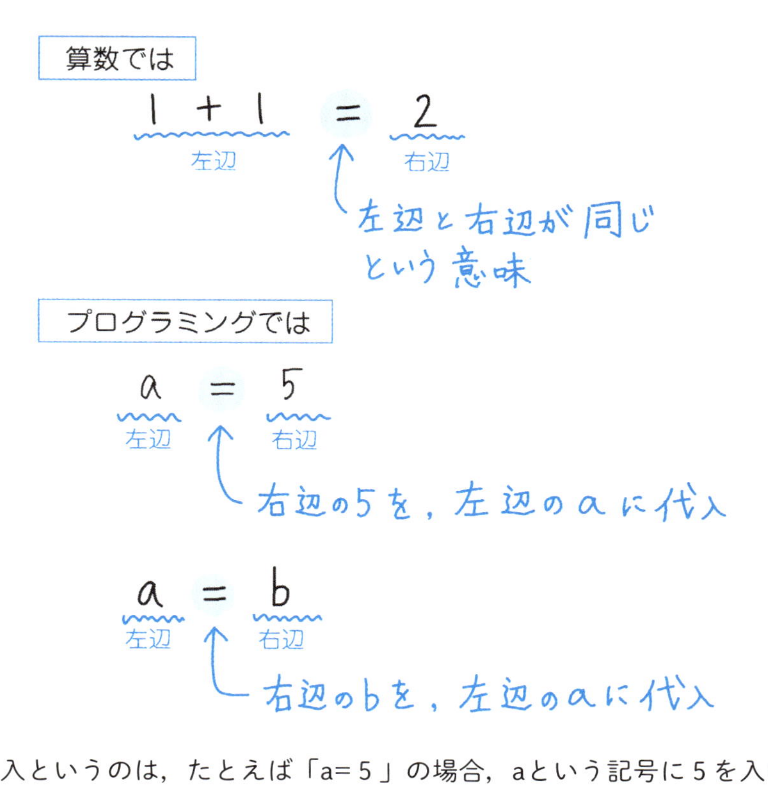

代入というのは，たとえば「a= 5 」の場合，aという記号に 5 を入れるということです。そうすると，この先のプログラミングで次のようなソースコードを書けば，aに代入されている 5 が表示されることになります。

```
printf(a);
```

表示させる　aを

5

関係演算子

関係演算子とは，左辺と右辺を比較するための演算子です。第４章のアルゴリズムでよく使われる，プログラミングにおいて重要な演算子です。

よく使われる関係演算子は次のとおりです。

関係演算子	意味
==	左辺と右辺は等しい
!=	左辺と右辺は等しくない
>	左辺は右辺より大きい
<	左辺は右辺より小さい
>=	左辺は右辺より大きいか等しい
<=	左辺は右辺より小さいか等しい

演算子「>」「<」については，次のように覚えましょう。

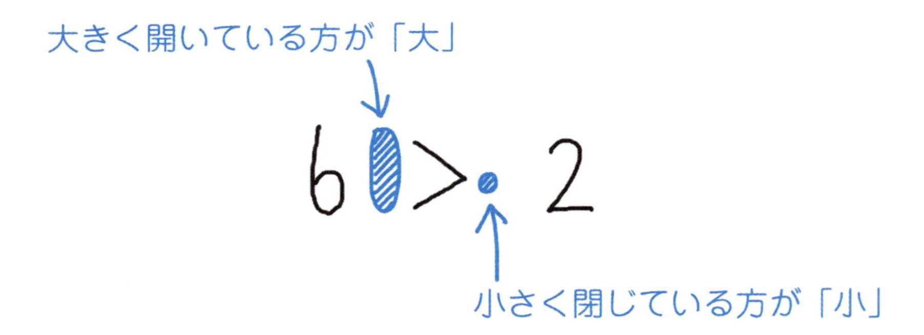

関係演算子の＞＝や＜＝は，≧や≦と同じ意味です。数学では≧や≦を使い，プログラミングでは言語によって違いはありますが＞＝や＜＝を使うことが多いです。

第６章03の流れ図では≧や≦を使います。

論理演算子

論理演算子は，論理的に正しい「真」と，論理的に正しくない「偽」を扱う演算子です。論理演算子は，算数では使わない，プログラミング独自の演算子です。

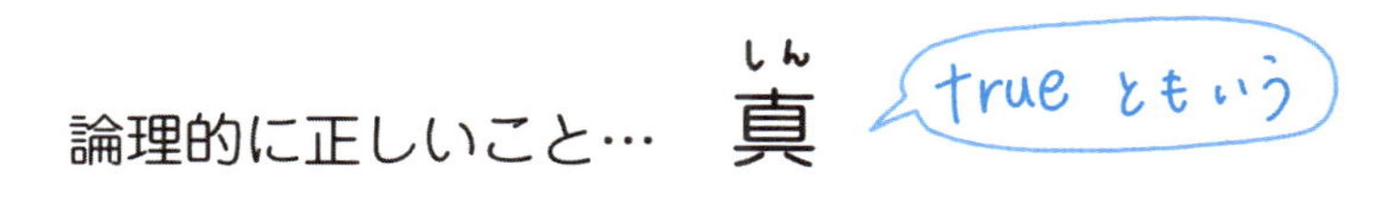

よく使われる論理演算子は次のとおりです。ここではC言語とJavaで使う論理演算子を紹介しています。Pythonなど一部のプログラミング言語では違う論理演算子になるので注意してください。

論理演算子	意味
&&	論理積（AND）
||	論理和（OR）
!	否定

論理演算子について，詳しくは第４章や第６章で説明します。

インクリメント演算子，デクリメント演算子

プログラミングでは「値を１ずつ増やす」計算と「値を１ずつ減らす」計算が多く，専用の演算子が用意されています。

演算子	名称	意味
++	インクリメント演算子	値を１ずつ増やす
--	デクリメント演算子	値を１ずつ減らす

演算子の優先順位

たくさんの演算子を紹介しましたが，プログラミングではこれらの演算子を複数使ってソースコードを書いていきます。そこで，演算子を複数使うときにどの順番で計算されるのか，優先順位を知っておくことが重要です。

なお，優先順位に従って計算の結果を出すことを評価といいます。

代表的な演算子の優先順位は次のようになっています。

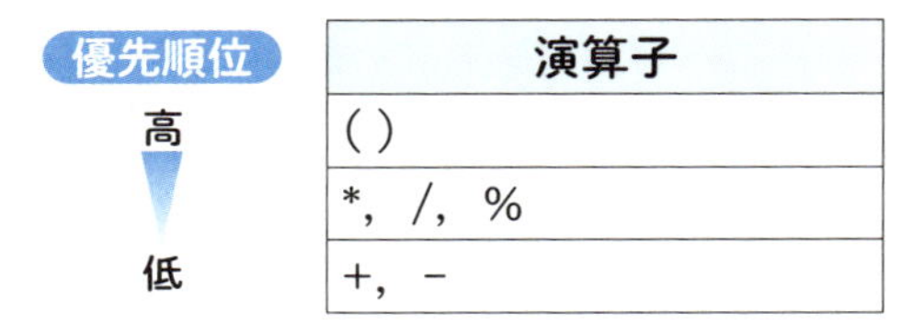

演算子
( )
*，/，%
+，-

実際に優先順位に従って評価してみます。例❶は+のみ使われています。同じ順位の演算子の場合には，左から順に評価します。

例❷は+と*が使われています。+と*では，*の方が優先順位が高いので，先に*の評価をします。

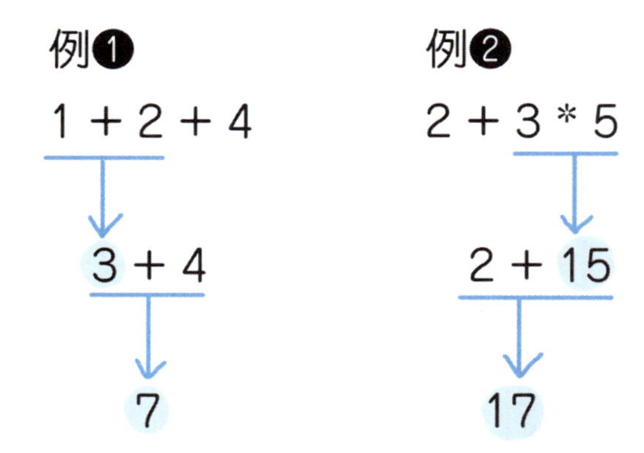

例❸のように( )が使われている場合には，最も優先順位の高い( )の中から評価します。

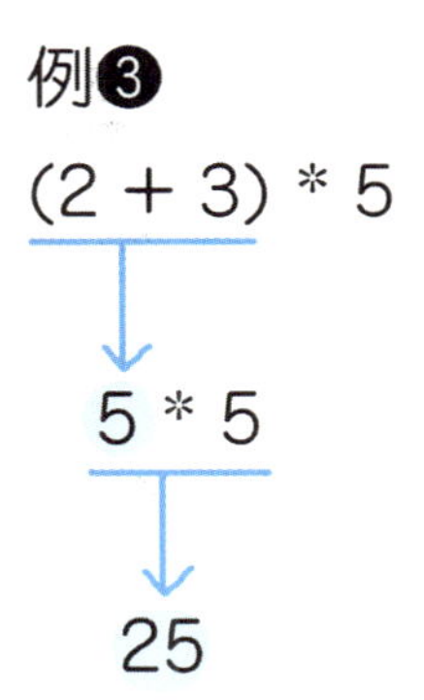

理解度チェック

□「10 * 5」の*を演算子，10と5を［　　　］という。	オペランド
□「12% 9」の結果は1である。	× ➜%は除算の余りという意味です。次の手順で考えます。 ❶12/ 9を計算する。12/ 9は算数では12÷ 9であり，答えは「1余り3」となる。 ❷%は除算の余りなので，12% 9の結果は3になる。したがって結果は1ではなく3である。
□「5 > 4」という関係演算子の使い方は正しい。	○ ➜>という関係演算子は，左辺は右辺より大きいということを意味します。したがって5 > 4という使い方は正しいです。大きく開いている方が大きいという覚え方だと間違えにくいです。

- [ ] プログラミングでは論理的に正しいことを［　　］という。

真

- [ ] 値を1ずつ増やす「++」を［　　　　　　　　　］という。

インクリメント演算子

- [ ] 「6 / 2 - 1」の結果は6である。

×

➜演算子の優先順位に従って評価します。次の手順で考えます。

❶/と-では，/の方が優先順位が高いので，「6/2」を先に評価する。結果は3となる。

❷「3-1」を評価する。結果は2となる。したがって結果は6ではなく2である。

第4章 アルゴリズムとは

プログラミングで一番重要かつ面白い，
アルゴリズムについて見ていきましょう。

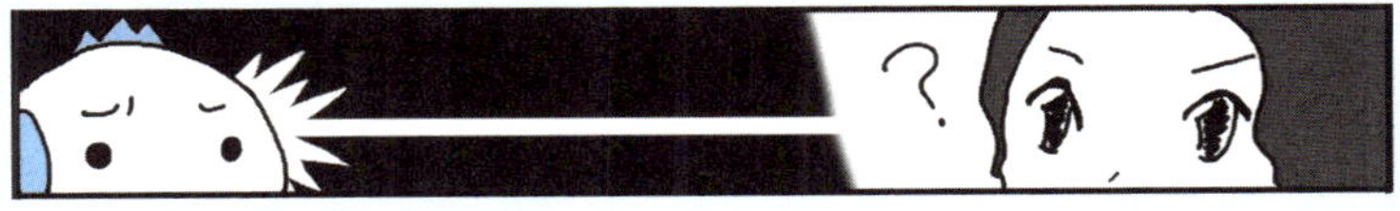

01 アルゴリズム

▶まずは，アルゴリズムの基本的な考え方について知りましょう。

アルゴリズムとは

アルゴリズムという言葉を聞いたことがあるでしょうか。プログラミングでは非常に重要なものなのですが，なじみが薄く，難しいイメージを持っている人もいるかもしれません。

アルゴリズムは，問題を解くための手順，あるいは算法と訳されることもあります。…が，何のことを言っているかよくわかりません。

ですが，ここまで本書を読んできたみなさんなら，アルゴリズムは簡単に理解できます。アルゴリズムというのは，「やりたいこと」をプログラミング言語を使って実現する方法のことをいうからです。

アルゴリズムの難しさ

アルゴリズムは，「やりたいこと」をどのように実現させるかだという説明をしました。この考え方は単純ですし，理解していただけたと思います。

これまでは「やりたいこと」が，画面に商品一覧と表示するというような簡単なものでした。もうすでに私たちは，C言語で画面に商品一覧と表示することができます。

```
int main(void)
{
 printf("商品一覧");
 return 0;
}
```

一方，「やりたいこと」が，ボタン1を押したあと商品Aのバーコードを読み取ったら商品一覧アプリで商品Aの数が増え，ボタン2を押したあと商品Aのバーコードを読み取ったら商品一覧アプリで商品Aの数が減るということだったらどうでしょう。

私たちは，どうすればその「やりたいこと」を実現できるか，今のところ知りません。もっと複雑なアルゴリズムが必要です。

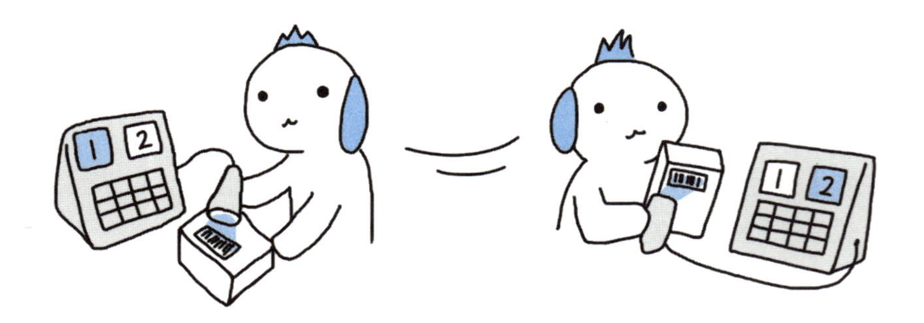

このように，プログラミングでは，いつも「やりたいこと」を簡単に実現できるわけではありません。難しい何かを実現したいとき，実現する手段を知らなければ，「やりたいこと」を実現することはできません。これがアルゴリズムの難しさです。

アルゴリズムを考える

先ほどの例ですが,「やりたいこと」を実現できないのには2つ理由があります。

❶設計図を思い描けない

ソースコードを書く前に,次のように設計図を思い描く必要があります。「やりたいこと」を設計図にできないと,ソースコードを書くことができません。

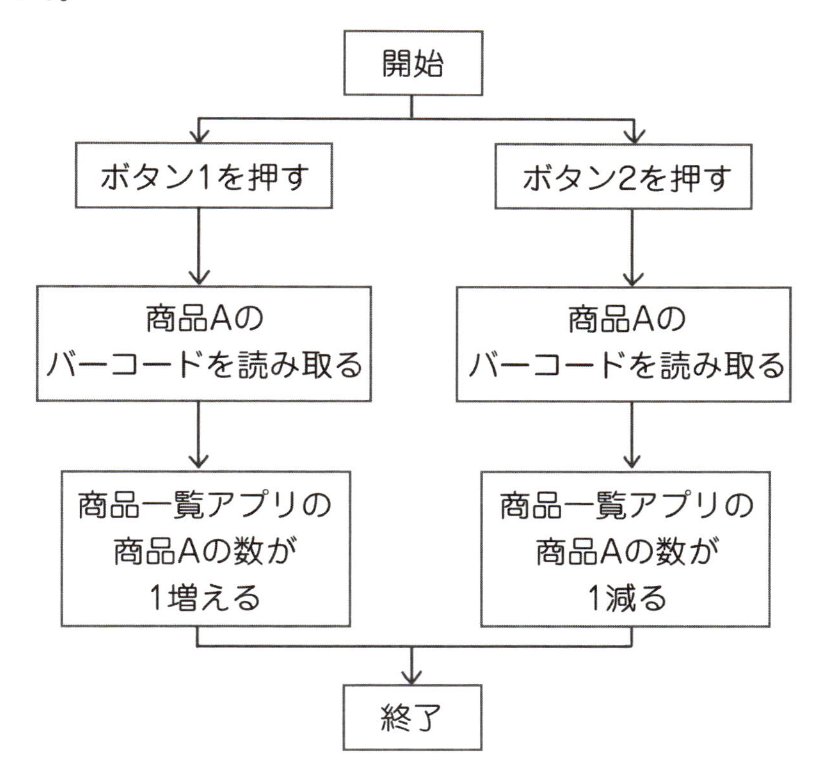

❷ソースコードを書けない

設計図を思い描けても設計図どおりのソースコードを書くことができなければ「やりたいこと」を実現できません。どのような場合にどのようなソースコードを書くのか，知っておく必要があります。

どんなに実現することが難しい「やりたいこと」でも，❶と❷がわかれば誰でもプログラミングできます。言い換えると，❶設計図を思い描くことと，❷思い描いた設計図どおりにソースコードを書くことができれば，アルゴリズムを使いこなし「やりたいこと」を実現することができます。これこそがプログラミングの一番重要なことです。

優秀なプログラマーは，理路整然と❶を思い描くことができ，さらにたくさんのソースコードを知っているのですぐに❷を書くことができます。

アルゴリズムの種類

やりたいことを実現することができるアルゴリズムは，何もないところから急に思い付くことはありません。アルゴリズムの種類を理解しておくことで，こういう場合はこのアルゴリズムを使うという引き出しが増えます。

この章では，基本的な 3 種類のアルゴリズムを，流れ図を使って説明します。流れ図の書き方は第 6 章03流れ図で説明しますので，今はイメージできれば大丈夫です。

❶順次構造

アルゴリズムの基本です。指示を上から順に実行していきます。

❷選択構造（条件分岐）

頻繁に使うアルゴリズムです。「もし○○なら，△△する」という条件分岐です。

❸繰り返し構造（ループ）

頻繁に使うアルゴリズムです。同じ指示を繰り返し実行します。

理解度チェック

□アルゴリズムで重要なのは，まず設計図を思い描き，設計図を実現するソースコードを書くことである。

○

➜文章のとおり，設計図とソースコードの両方があってはじめてアルゴリズムで「やりたいこと」を実現できます。

□アルゴリズムの基本は順次構造で，ループともいわれる。

×

➜アルゴリズムの基本は順次構造という部分は正解です。ループは順次構造のことではなく，繰り返し構造のことです。

□アルゴリズムでは「もし○○なら，△△する」という選択構造（条件分岐）をよく使う。

○

➜アルゴリズムでは，選択構造（条件分岐）をよく使います。

02 順次構造

▶まずは順次構造を見ていきます。流れ図のイメージが大切です。

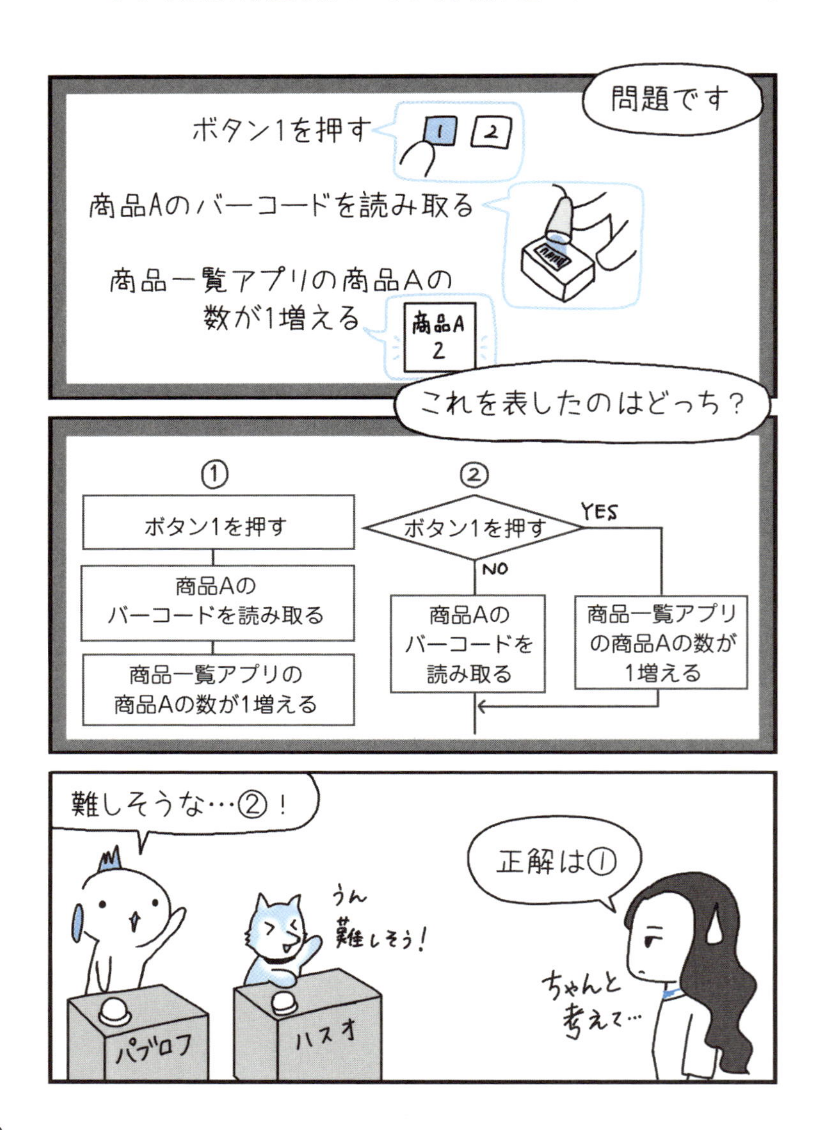

順次構造とは

順次構造はアルゴリズムの基本で，指示を上から順に実行していきます。これまで見てきたプログラミングはすべて順次構造でした。

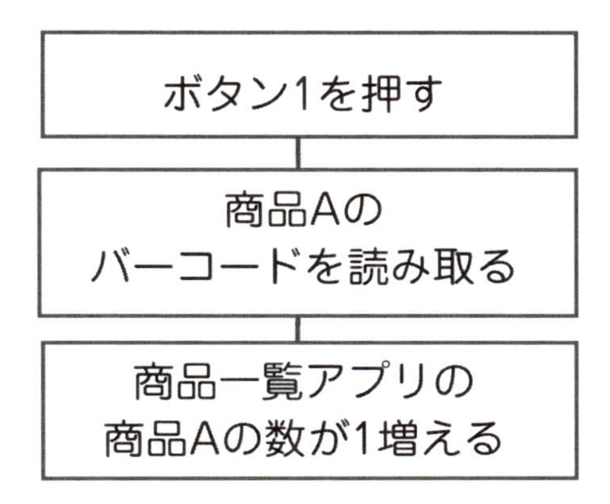

理解度チェック

☐指示を上から順に実行していくアルゴリズムを［　　　］という。　　順次構造

03 選択構造（条件分岐）

▶選択構造（条件分岐）はプログラミングで頻繁に使います。難しくないので，楽しく学んでいきましょう。

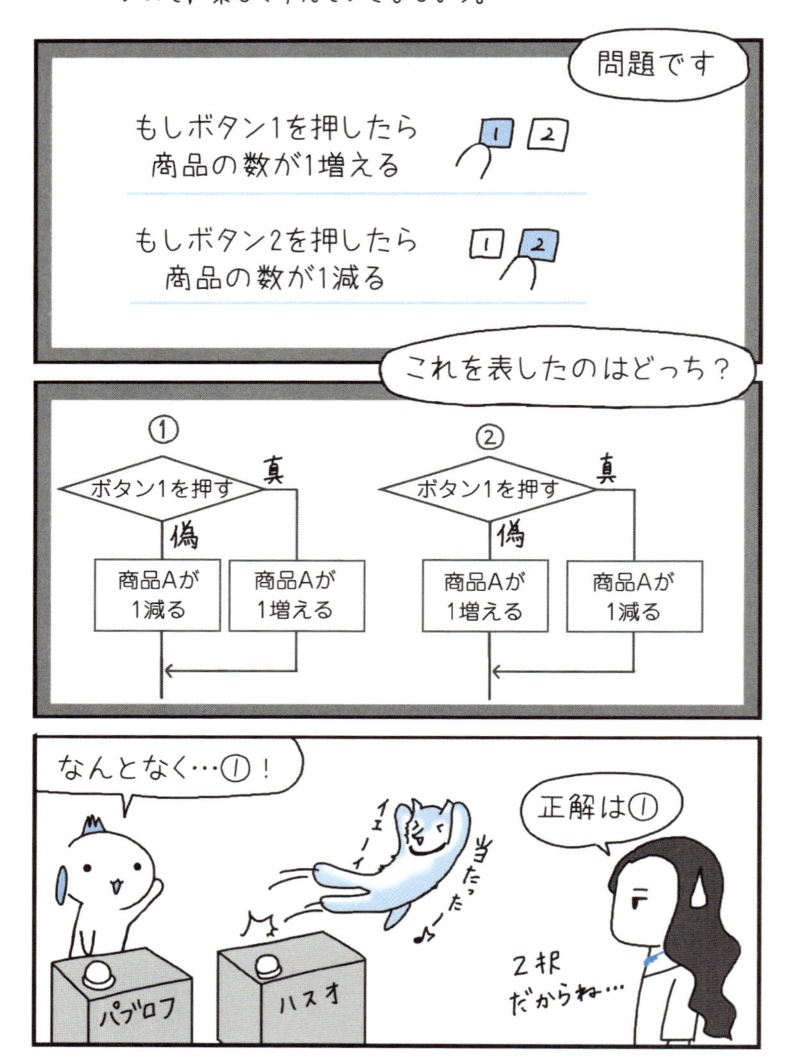

選択構造（条件分岐）とは

選択構造とは「もし○○なら，△△する」というアルゴリズムです。選択構造は**条件分岐**ともいいます。

次の図で「ボタン１を押す」というのが**条件**です。この条件に合うか合わないかで，次の指示が変わるのが選択構造（条件分岐）の特徴です。

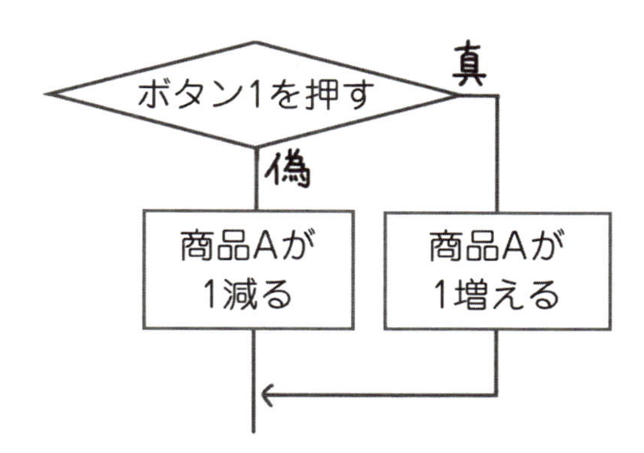

第３章で「真（true)」と「偽（false)」について少し触れましたが，選択構造で使うので説明します。

「ボタン１を押す」という条件に合うことを真（true）といいます。YESと表すこともあります。

一方，「ボタン１を押す」という条件に合わないことを偽（false）といいます。NOと表すこともあります。

第４章　アルゴリズムとは

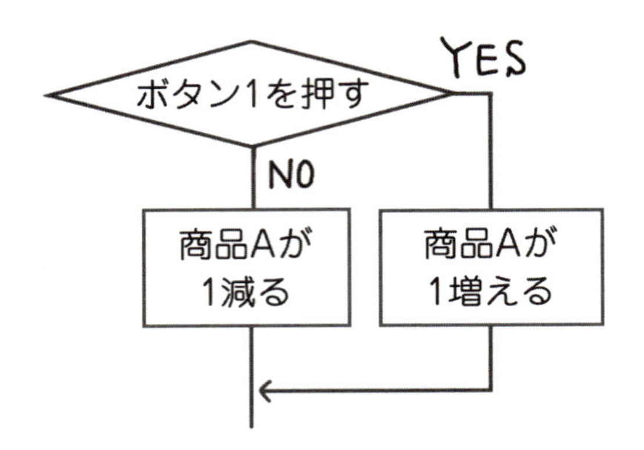

今回の例では，パブロフがボタン１を押した場合，「ボタン１を押す」が真となり，商品Aが１増える指示が行われます。

一方，パブロフがボタン２を押した場合，「ボタン１を押す」という条件に合わない，つまり偽ということになります。そうすると，商品Aが１減る指示が行われます。

選択構造（条件分岐）のプログラミング

選択構造（条件分岐）のプログラミングは，「if else」か「if」で書きます。正確なソースコードではありませんが，概念的にいうと次のようなソースコードになります。

❶if else

if elseを使うと次のようなソースコードになります。

```
if (ボタン1を押す){
 もしボタン1を押したなら
  商品Aが1増える}
 商品Aが1増える
else{
 そうでないならば
  商品Aが1減る}
 商品Aが1減る
```

ifというのは英語で「もし〇〇なら」という意味なので，ソースコードもわかりやすいですね。そして，elseを書いておくことで「そうでないならば」つまり「ifの条件に合わなかった場合には」という指示を書くことができます。

❷if

❶で見たif elseのソースコードと同じものを「if」だけで書くこともできます。

```
if (ボタン1を押す){
 もしボタン1を押したなら
  商品Aが1増える}
 商品Aが1増える
if (ボタン2を押す){
 もしボタン2を押したなら
  商品Aが1減る}
 商品Aが1減る
```

ifだけを使った方が，見た目はif elseよりもわかりやすいです。ただ，たくさん条件があるとき，ifだけだとすべての条件を書かなければいけません。

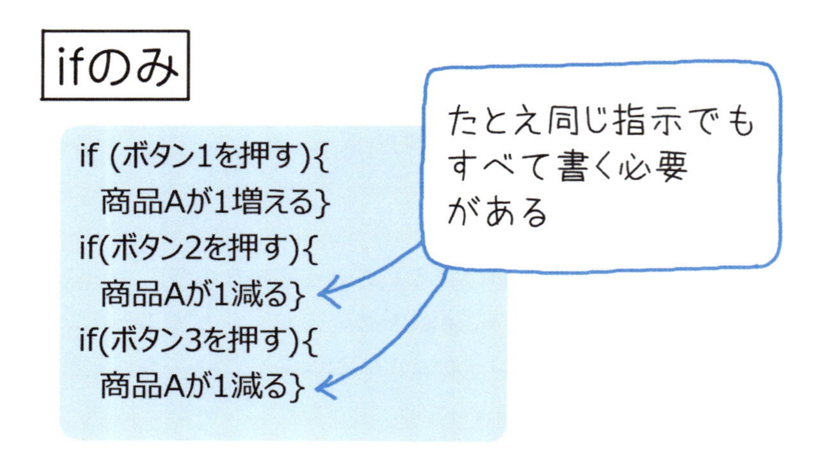

一方，if elseだと１つの条件をifで書き，その他はもれなくelseで指示するというプログラムも可能です。したがって❶の「if else」を使ったソースコードの方がプログラミングしやすいので，よく使われます。

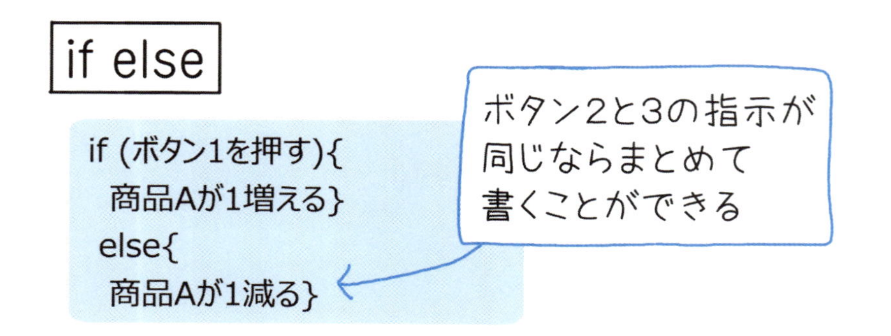

選択構造（条件分岐）の種類

選択構造（条件分岐）のプログラミングには，「else if」という応用的な形もあります。今回はボタンが４つあると仮定します。

1 2 3 4

else ifは，ifやelseと一緒に使うことが多く，次のようなソースコードになります。

```
if (ボタン1を押す){
 もしボタン1を押したなら
  商品Aが1増える}
   商品Aが1増える
else if (ボタン2を押す){
 もしボタン2を押したなら
  商品Aが1減る}
   商品Aが1減る
else{
 そうでないならば
  エラー画面になる}
   エラー画面になる
```

ifの条件に合えば商品Aが１増え，ifの条件に合わなくてもelse ifの条件に合えば商品Aが１減ります。そして，どの条件にも合わなければエラー画面になるというプログラムです。したがって，ボタン３を押してもボタン４を押してもエラー画面になるということです。

理解度チェック

- □「条件に合っている」ことを漢字で[ ]という。　真
- □選択構造（条件分岐）のソースコードは[ ]のみ，またはif elseやelse ifを使って書く。　if

04 繰り返し構造（ループ）

▶繰り返し構造（ループ）もプログラミングで頻繁に使われます。何を繰り返すのか，イメージが大切です。

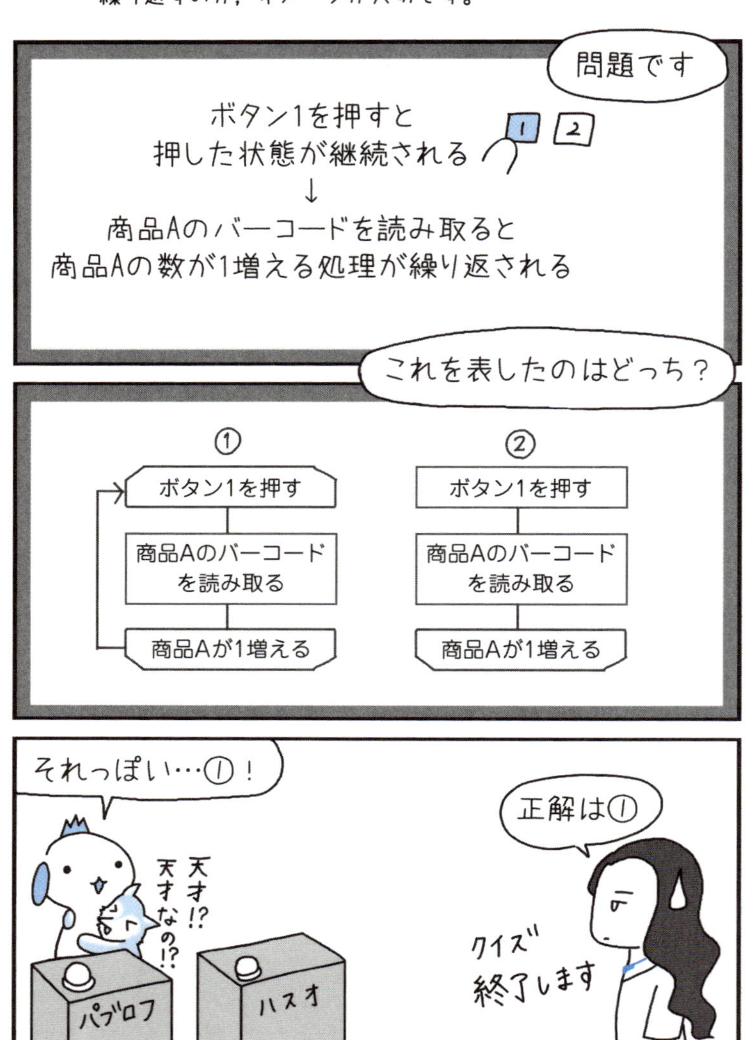

繰り返し構造（ループ）とは

繰り返し構造とは，条件が成立している限り何度でも同じ指示を繰り返すアルゴリズムです。繰り返し構造は**ループ**ともいいます。

次の図で「ボタン１を押す」というのが**条件**です。

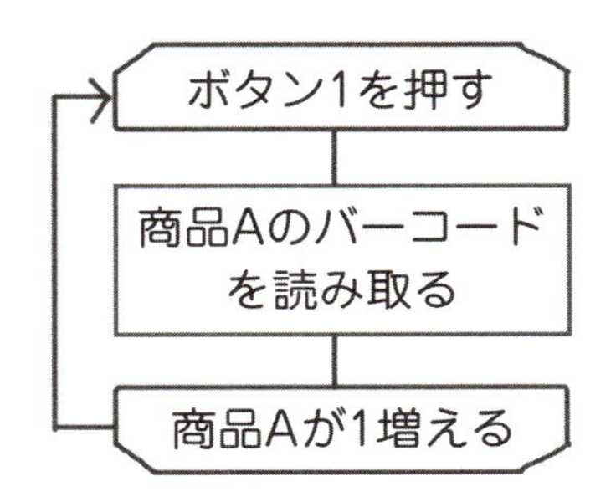

条件が成立している，つまりボタン１を押した状態が継続している限り，何度でも同じ指示を繰り返すのが繰り返し構造（ループ）の特徴です。

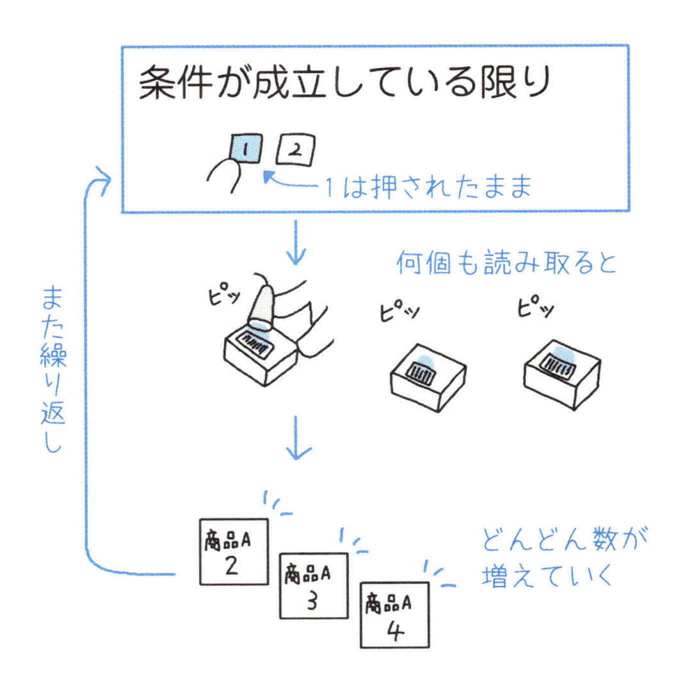

無限ループ

さきほどの例では，繰り返しを終わらせる条件を決めていないので，繰り返しが終わらない**無限ループ**というバグになります。バグというのはプログラミングの誤りのことです。

たとえば繰り返しを終わらせる条件は「10回ループしたら終わる」です。10回バーコードを読み取り，数が増える指示が繰り返されると，自動で押した状態が解除され繰り返しが止まる場合，無限ループのないプログラムを書くことができます。

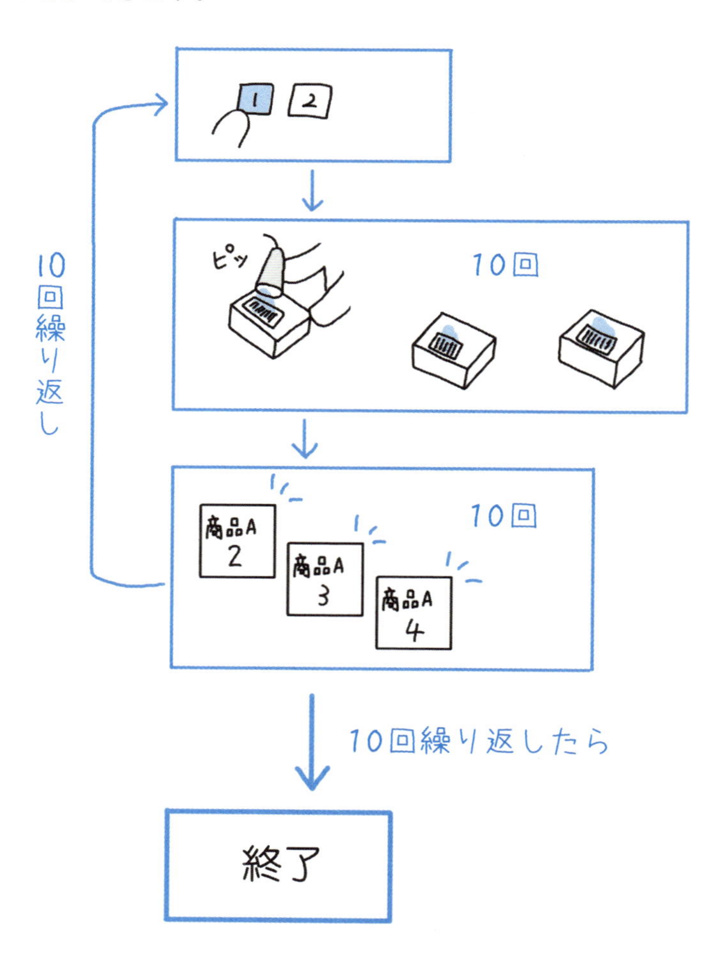

繰り返し構造（ループ）のプログラミング

繰り返し構造（ループ）のプログラミングは，「while」か「for」で書きます。選択構造（条件分岐）で使った「if else」でも書くことができますが，ここでは省略します。

正確なソースコードではありませんが，概念的にいうと次のようなソースコードになります。

❶while

whileを使うと次のようなソースコードになります。

```
while (ボタン1が押された状態){
 ボタン1が押された状態であれば

  バーコードを読み取ると数が1増える}
  「バーコードを読み取ると数が1増える」指示が
 繰り返される
```

whileのあとの( )内に条件を書くと，その条件を満たす間ずっと{ }内に書いた指示が繰り返される，という形になっています。とてもわかりやすいですね。

❷for

forは, whileの使い方と少し違います。whileは「条件を満たす間ずっと」指示を繰り返したいときに使います。一方forは「回数に制限を設けて」指示を繰り返したいときに使います。

たとえば，無限ループ防止のときにも設定した「ボタン１が押された状態は10回しか続かない」という条件を追加してみましょう。forを使うと次のようなソースコードになります。

```
for (10回){
 10回の間

 バーコードを読み取ると数が1増える}
 「バーコードを読み取ると数が1増える」指示が
 繰り返される
```

forのあとの( )内に回数を書くと，その回数までずっと{ }内に書いた指示が繰り返される，という形になっています。

理解度チェック

- □繰り返しを終わらせる条件を決めていないため，繰り返しが終わらないバグを［　　　　］という。

 無限ループ

- □回数に制限を決めて繰り返しをさせたい場合にはwhile，条件を満たす間ずっと繰り返しをさせたい場合にはforを使う。

 ×

 ➜正しくは，条件を満たす間，ずっと繰り返しをさせたい場合にはwhile，回数に制限を決めて繰り返しをさせたい場合にはforを使います。

第5章 コンピュータの構造

プログラミングから離れて，コンピュータが
どのような構造になっているのか見ていきます。

試験対策

01 ハードウェアとアーキテクチャ

▶ハードウェアとさまざまな周辺装置について理解しましょう。

コンピュータのしくみの全体像

コンピュータは次のようなしくみで動いています。プログラムは，ハードウェアとソフトウェアの両方に作用してコンピュータに対する指示を出します。

ハードウェアというのはコンピュータを物理的に構成しているものです。触ったらかたいのでハードウェアですね。キーボードなどの入力装置，ディスプレイなどの出力装置だけでなく，コンピュータの中に入っているCPUや記憶装置もハードウェアに含まれます。

アーキテクチャは，コンピュータ・アーキテクチャともいわれ，コンピュータの設計思想を意味します。機能やコストを考えながら，最適なCPUや制御装置などを選択して，コンピュータを設計します。

ソフトウェアはこの章の02で説明します。

ハードウェアの構成

コンピュータのハードウェアは，次のように成り立っています。

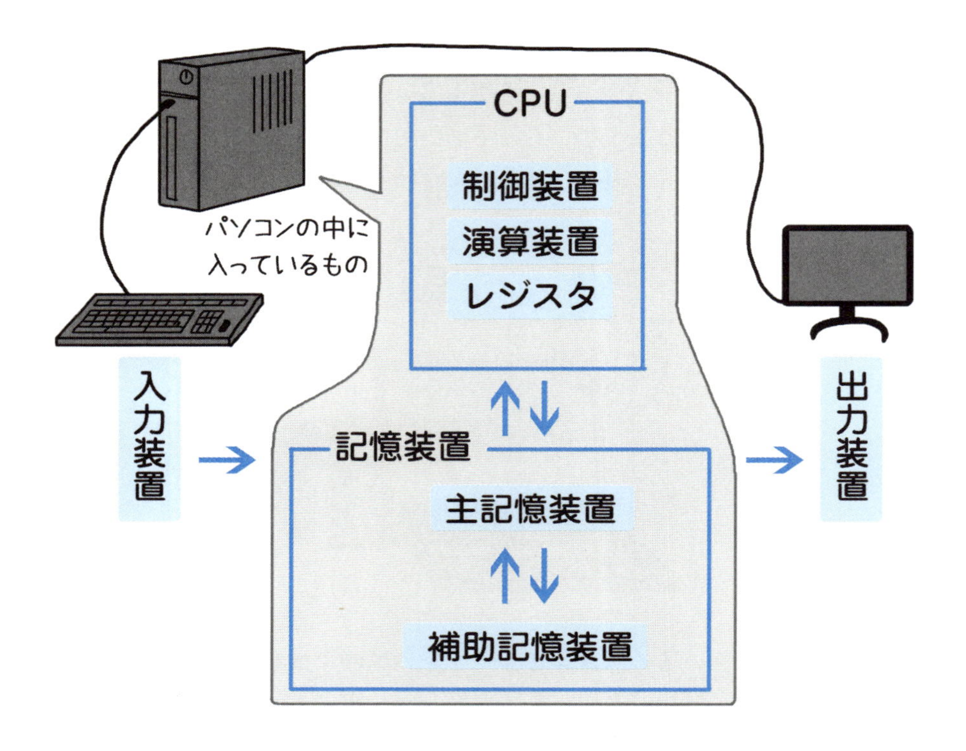

❶CPU

CPUは，計算・処理・制御をする，コンピュータの中心部分です。制御装置，演算装置，レジスタが含まれます。

制御装置は，演算装置・レジスタ・記憶装置・入力装置・出力装置がうまく動くように制御する役割を担います。

演算装置は，論理演算・四則演算を行う装置です。プログラミングの演算はここで行われます。

レジスタは，CPUがデータを扱うときに一時的に使われる記憶装置です。

❷記憶装置

記憶装置は，プログラムやデータを記憶する装置です。主記憶装置と補助記憶装置に分かれます。

主記憶装置は，メインメモリ・RAMなどで，高速ですが記憶容量が小さいので，一時的な記憶に使われます。

補助記憶装置は，ハードディスク・SSD・SDカードなどです。低速ですが記憶容量が大きく，コンピュータの電源を切っても内容を保持するので，長期的な記憶に使われます。

❸入力装置

入力装置は，コンピュータにプログラムやデータを入力する装置です。キーボード・マウス・タッチパネルなどが含まれます。

❹出力装置

出力装置は，コンピュータから処理結果を出力する装置です。ディスプレイ・プロジェクタ・プリンタなどが含まれます。

なお，「制御装置」「演算装置」「記憶装置」「入力装置」「出力装置」をコンピュータの5大装置といいます。

ハードウェアインターフェース

インターフェースは「つなぐこと全般を指す言葉」と覚えておくと使い勝手が良いです。たとえばハードウェアインターフェースは，ハードウェアとハードウェアをつなぐこと，ユーザインターフェースは，使う人とコンピュータをつなぐことです。

ハードウェアインターフェース

ハードウェアとハードウェアをつなぐ

ユーザーインターフェース

コンピュータとユーザーをつなぐ

ここでは**ハードウェアインターフェース**について学習します。ハードウェアであるコンピュータに，何か他のハードウェアをつなげることがハードウェアインターフェースです。

CDを読み込むためにCD-Rドライブをつないだり，コンピュータの容量がいっぱいになってしまったら外付けハードディスクをつなぐ人もいます。絵を描く人はペンタブレットをつなぐかもしれません。これらのCD-Rドライブ，外付けハードディスク，ペンタブレットなどもハードウェアといいます。

ハードウェアインターフェース

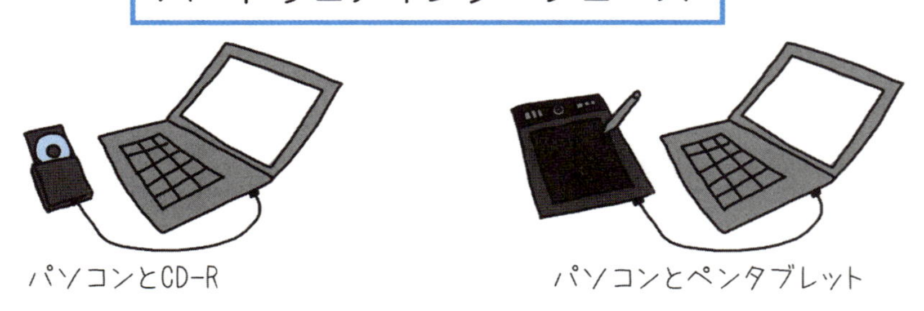

パソコンとCD-R　　パソコンとペンタブレット

ハードウェアインターフェースでは，ハードウェアとハードウェアをつなぐ規格がいくつかあります。代表的なものを見ていきましょう。

USB

コンピュータに周辺機器を有線で接続するインターフェースの規格。
周辺機器は電源に接続することなしにUSB接続するだけで電力供給を得ることができる点も特徴。

Bluetooth

ハードウェアどうしを無線で接続するインターフェースの規格。

HDMI

ハードウェアどうしを有線で接続するインターフェースの規格。

理解度チェック

□計算・処理・制御をする，コンピュータの中心部分を［　　　］という。	CPU
□ハードウェアの中で，CPUがデータを扱うときに一時的に使われる記憶装置を［　　　］という。	レジスタ
□ハードウェアであるコンピュータに，何か他のハードウェアをつなげることを［　　　　　　］という。	ハードウェアインターフェース

02 ソフトウェア

▶ソフトウェアであるOS，アプリケーションについて詳しく説明します。

ソフトウェアの構成

コンピュータはハードウェアだけでは動きません。ソフトウェアも必要です。ソフトウェアは大きくOS（オーエス）とアプリケーションに分けられます。

OSというのは，なじみのない言葉かもしれませんが，代表的なWindowsやmacOS，最近でいうとスマホのiOSやAndroidは耳にしたことがあるでしょう。これらのOSは，コンピュータ全体の動きをコントロールするソフトウェアです。

OSだけでもコンピュータは動きますが，便利な機能のほとんどは使うことができません。WordやExcelをはじめ，音楽を聴いたり，写真を管理したりするにはアプリケーションが必要です。

最近ではスマートフォンの普及でアプリという言葉を聞く機会が多いので，アプリの方がなじみ深いかもしれません。アプリはアプリケーションの略です。

OS

OS（Operating System：オペレーティングシステム）とは，コンピュータ全体の動きをコントロールし，多くのアプリケーションを動作させるのに必要な共通の機能を提供するソフトウェアです。

OSの主な機能は「タスク管理」「ハードウェアの制御」「ファイルシステム」です。

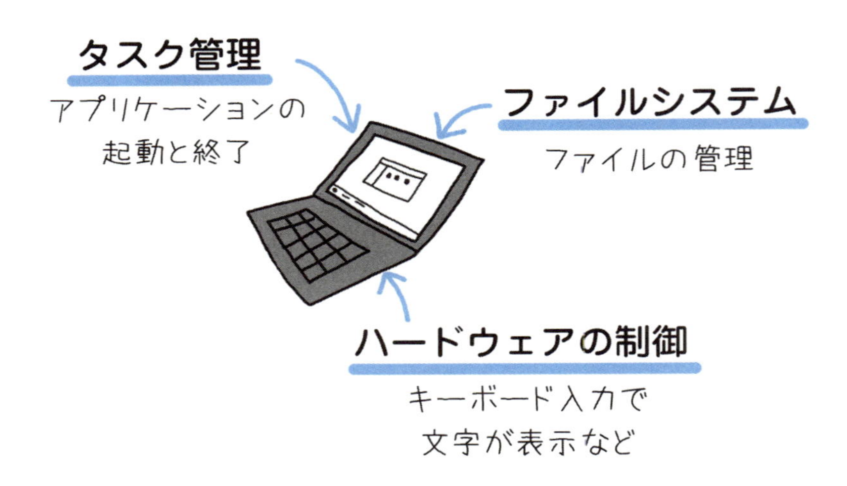

OSの特徴は，OSが異なっているとアプリケーションは共通して使えないということです。

たとえば，OSがmacOSのパソコンと，OSがWindowsのパソコンでは，同じアプリケーションを使うことができません。同じように，OSがiOSのiPhoneと，OSがAndroidのスマホでは，同じアプリケーションを使うことができません。それぞれのOSで専用のアプリケーションを使うことになります。

OSの機能の１つにマルチタスクがあります。マルチタスクというのは，パソコンやスマートフォンで「音楽を聴く」「ファイルをダウンロードする」「文字を入力する」などの動作を同時に行うことです。

マルチタスクはOSがCPUの使い方を管理することで行われます。CPUが処理①の待機時間に処理②を，処理②の待機時間に処理③を実行することで，たくさんの処理が同時に動いているように見えます。

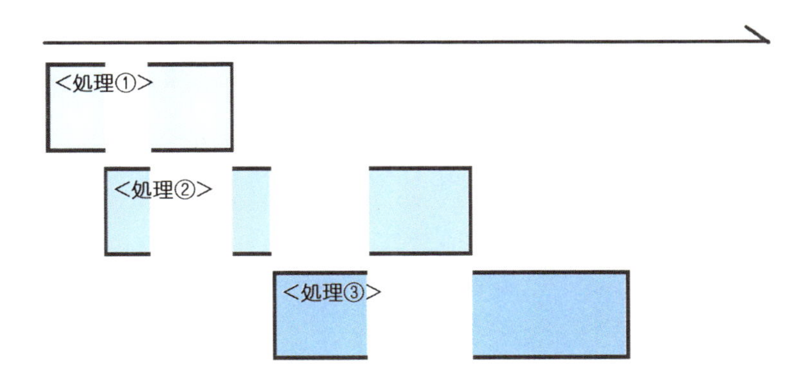

アプリケーション

アプリケーションとは，ユーザが特定の目的で使うソフトウェアのことです。

文書作成ソフト

文書を作成するアプリケーション。Wordが有名です。

表計算ソフト

表で数値の計算をするアプリケーション。Excelが有名です。

画像処理ソフト

写真を加工するPhotoshop，イラストを描くIllustratorなど。

理解度チェック

□ソフトウェアは，OSとハードウェアの総称である。	× ➔ソフトウェアは，OSとアプリケーションの総称です。
□タスク管理やハードウェアの制御，ファイルシステムの機能を持つソフトウェアを［　　］という。	OS
□OSが異なっている２つのスマホでも，ほぼすべてのアプリは共通して使うことができる。	× ➔OSが異なっているスマホでは，アプリを共通して使うことはできません。同じ名前のアプリを使っているように見えても，実際はそれぞれのOSに合わせたカスタマイズがしてあることがほとんどです。
□文書作成ソフトや画像処理ソフトのことを［　　　　］という。	アプリケーション
□文書作成ソフトは，文書を作成するためのアプリケーションである。	○ ➔文書作成ソフトは，文書を作成するためのアプリケーションです。「Word」や「一太郎」などが有名です。

第6章 ITの基本知識

この章では，プログラミングをするうえで
基礎的に知っておかなければいけない知識について説明します。

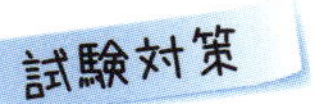

01　2進数，8進数，16進数

▶2進数，8進数，16進数について学びます。

これから2進数といって
数字を0と1だけで表す方法を
説明します
2進数…？
んん？
おや？
コンピュータはマシン語しか
受け付けないから
マシン語
第1章 参照
0と1で成り立っている
2進数を学ぶのは
とても意味のあることなのよ
2進数
0と1で成り立っている
なんか恥ずかしい
アインシュタインは言い過ぎた
テヘ

第6章 ITの基本知識

10進数と２進数

私たちが日常で利用している０～９までの数字で表すことを10進数といいます。一方，コンピュータが利用する機械語は，０と１の数字で表す２進数を使います。コンピュータは，情報を電気信号で把握するため，ONとOFFの２つしか区別できないので，２進数を利用するのです。

２進数は，０と１の２つで数字を表しますので，数字を前から順番に並べると０，１，10，11となります。日常で利用している10進数の数字を２進数で表すと次のようになります。

９の次に桁が上がる

10進数	0	1	2	3	4	5	6	7	8	9	10
２進数	0	1	10	11	100	101	110	111	1000	1001	1010

１の次に桁が上がる　各桁が１になると桁が上がる

2進数から10進数を求める方法

2進数から10進数を求める場合，どのように考えればよいのでしょうか。例を使って，対応関係を理解していきましょう。

例　2進数の11は10進数ではいくつになるか。

解答　3

解説　1，10，11と前から順番に数えていけば，2進数の11は10進数の3ということがわかります。ただ，数字の桁数が多くなった場合，前から数える方法で正解することは困難です。このため，2進数と10進数の対応関係を利用して正解を導きます。

2進数の各桁は，2の乗数の数字と対応している。

2進数の11を各桁に分けると，1桁目は2^0，2桁目は2^1と対応します。

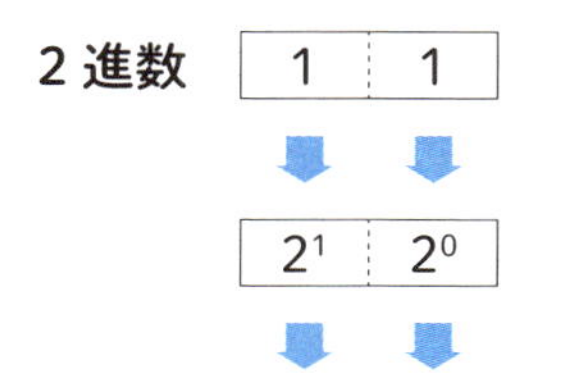

10進数　$1 \times 2^1 + 1 \times 2^0 = 3$

2^0は1，2^1は2ですので，2 + 1 = 3と計算することができます。

第6章　ITの基本知識

例　2進数の1001は10進数ではいくつになるか。

解答　9

解説　2進数の1001を各桁に分けると，1桁目は2^0，2桁目は2^1，3桁目は2^2，4桁目は2^3と対応します。

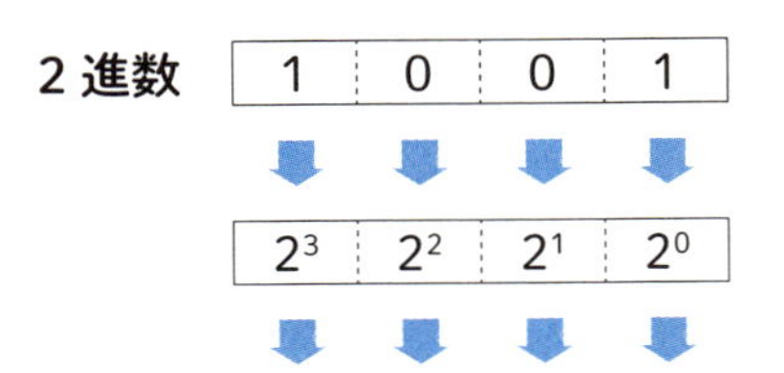

10進数　$1\times2^3+0\times2^2+0\times2^1+1\times2^0=9$

2^3は$2\times2\times2=8$，2^2は$2\times2=4$，2^1は2，2^0は1です。

つまり，$1\times8+0\times4+0\times2+1\times1=8+0+0+1=9$と計算することができます。

10進数から2進数を求める方法

10進数から2進数を求める場合，どのように考えればよいのでしょうか。まずは計算に使用する割り算の下書きを学びます。

例　10進数の9は2進数ではいくつになるか。

解答　1001

解説　10進数の9を2で割ると「9÷2＝4余り1」となります。これを下書きにすると次のようになります。

```
2 ) 9          ← 9÷2
   4 … 1       ← 4余り1
```

この4を2で割り，さらに続けていくと次のようになります。

2) 9 ← 9÷2

2) 4 … 1 ← 4÷2

2) 2 … 0 ← 2÷2

2) 1 … 0 ← 1÷2

0 … 1

下書きで書いた「余り」を使うと，2進数で表した数字になります。

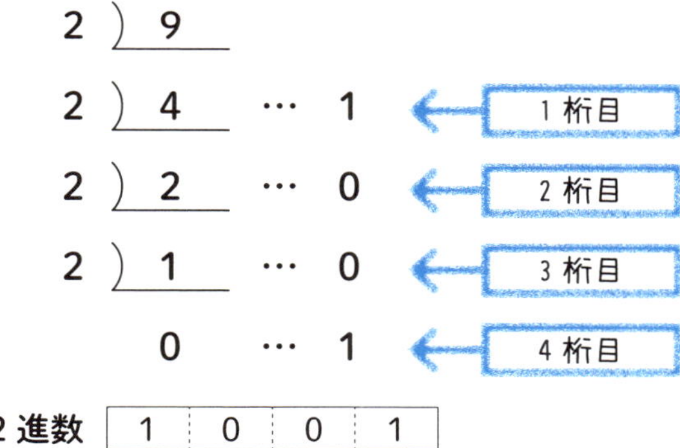

2進数と補数

マイナスの数字を表すことを補数といいます。2進数の場合，プラスやマイナスを0と1で表現することになるため，補数の考え方を使う必要があるのです。

ここでは，コンピュータで利用される8桁（8ビット）の補数について，見ていきましょう。

補数を2進数で表す場合，先頭の文字が0の場合はプラス，1の場合はマイナスと決まっています。

10進数との対応関係は次のようになります。

10進数	補数ありの2進数（8ビット）							
0	0	0	0	0	0	0	0	0
1	0	0	0	0	0	0	0	1
2	0	0	0	0	0	0	1	0
3	0	0	0	0	0	0	1	1
⋮	⋮							
126	0	1	1	1	1	1	1	0
127	0	1	1	1	1	1	1	1
−128	1	0	0	0	0	0	0	0
−127	1	0	0	0	0	0	0	1
−126	1	0	0	0	0	0	1	0
⋮	⋮							
−3	1	1	1	1	1	1	0	1
−2	1	1	1	1	1	1	1	0
−1	1	1	1	1	1	1	1	1

この表を覚えるのは大変です。補数ありの2進数（8ビット）をマイナスの数字に変える方法については，例題を使ってみていきましょう。

例　10進数の－３を８ビットの２進数で表現するとどのようになるか。

解答 1111 1101

解説　まず10進数の３を２進数で表します。

0	0	0	0	0	0	1	1

次に，０を１へ，１を０へ書き換え，反転させます。

1	1	1	1	1	1	0	0

最後に１を付け加えます。

1	1	1	1	1	1	0	1

参考　ビットについてはP.138で詳しく学習します。コンピュータは１ビット単位（２進数の８桁の数字）で処理をするため，このような問題が出題されます。

10進数と８進数

８進数は，０～７を使って数字を表します。日常で利用している10進数の数字を８進数で表すと次のようになります。

9の次に桁が上がる

10進数	0	1	2	3	4	5	6	7	8	9	10
8進数	0	1	2	3	4	5	6	7	10	11	12

7の次に桁が上がる

８進数から10進数を求める方法

８進数から10進数を求める場合，どのように考えればよいのでしょうか。例を使って，対応関係を理解していきましょう。

例　8 進数の144は10進数ではいくつになるか。

解答 100

解説　2 進数で学習した方法と同じように，8 進数と10進数の対応関係を利用して正解を導きます。

8 進数の各桁は，8 の乗数の数字と対応している。

8 進数の144を各桁に分けると，1 桁目は8^0，2 桁目は8^1，3 桁目8^2と対応します。

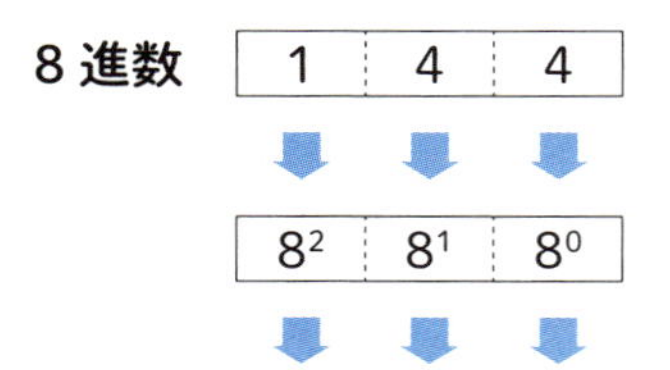

10 進数　$1 \times 8^2 + 4 \times 8^1 + 4 \times 8^0 = 100$

8^2は $8 \times 8 = 64$，8^1は 8，8^0は 1 なので，$1 \times 64 + 4 \times 8 + 4 \times 1 = 100$ と計算することができます。

10進数から 8 進数を求める方法

10進数から 8 進数を求める場合，どのように考えればよいのでしょうか。2 進数の場合と同じ下書きを使います。

例　10進数の100は 8 進数ではいくつになるか。

解答 144

解説 100を 8 で割る下書きを書きます。

$$
\begin{array}{r|l}
8 & 100 \\
\hline
8 & 12 \quad \cdots \quad 4 \\
\hline
8 & 1 \quad \cdots \quad 4 \\
\hline
 & 0 \quad \cdots \quad 1
\end{array}
$$

← 1桁目
← 2桁目
← 3桁目

下書きで書いた「余り」を使うと，8進数で表した数字になります。

8進数	1	4	4

10進数と16進数

16進数は，0～9，A～Fを使って数字を表します。日常で利用している10進数の数字を16進数で表すと次のようになります。

9の次に桁が上がる

10進数	0	1	…	9	10	11	12	13	14	15	16
16進数	0	1	…	9	A	B	C	D	E	F	10

Fの次に桁が上がる

第6章 ITの基本知識

16進数から10進数を求める方法

16進数から10進数を求める場合，どのように考えればよいのでしょうか。例を使って，対応関係を理解していきましょう。

例　16進数の64は10進数ではいくつになるか。

100

解説　2進数で学習した方法と同じように，16進数と10進数の対応関係を利用して正解を導きます。

16進数の各桁は，16の乗数の数字と対応している。

16進数の64を各桁に分けると，1桁目は16^0，2桁目は16^1と対応します。

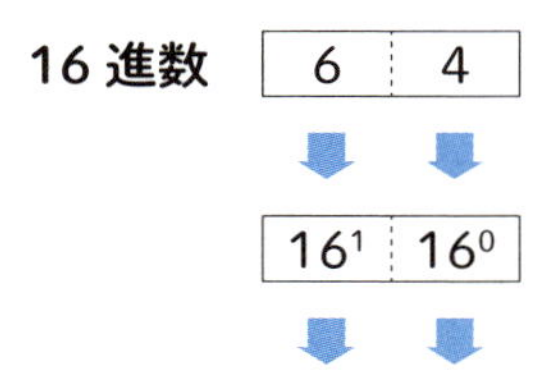

10 進数　$6 \times 16^1 + 4 \times 16^0 = 100$

16^1は16，16^0は1なので，$6 \times 16 + 4 \times 1 = 96 + 4 = 100$と計算することができます。

10進数から16進数を求める方法

10進数から16進数を求める場合，どのように考えればよいのでしょうか。2進数や8進数の場合と同じ下書きを使います。

例　10進数の100は16進数ではいくつになるか。

 64

解説　100を16で割る下書きを書きます。

```
16 ) 100
16 )   6  …  4  ←  1桁目
       0  …  6  ←  2桁目
```

下書きで書いた「余り」を使うと，16進数で表した数字になります。

理解度チェック

□ 2 進数の11010は，10進数ではいくつになるか。　②

① 20　② 26　③ 34　④ 40

➔ 2 進数の11010を各桁に分けると，1 桁目は2^0，2 桁目は2^1，3 桁目は2^2，4 桁目は2^3，5 桁目は2^4と対応します。

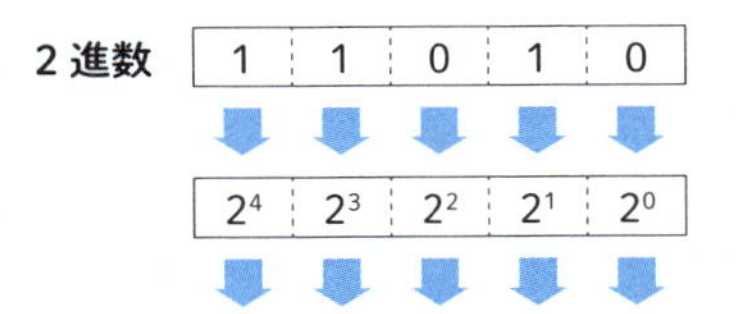

10 進数　$1 \times 2^4 + 1 \times 2^3 + 0 \times 2^2 + 1 \times 2^1 + 0 \times 2^0 = 26$

16+ 8 + 0 + 2 + 0 =26と計算することができ，②が正解とわかります。

□ 8 進数の271は，10進数ではいくつになるか。　④

① 160　②173　③ 181　④ 185

➔ 8 進数の271を各桁に分けると，1 桁目は8^0，2 桁目は8^1，3 桁目8^2と対応します。

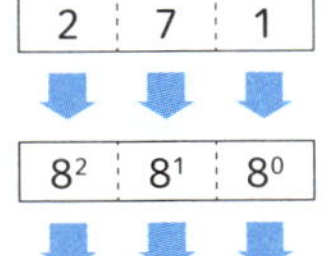

10 進数　$2 \times 8^2 + 7 \times 8^1 + 1 \times 8^0 = 185$

128+56+ 1 =185と計算することができ，④が正解とわかります。

第6章　ITの基本知識

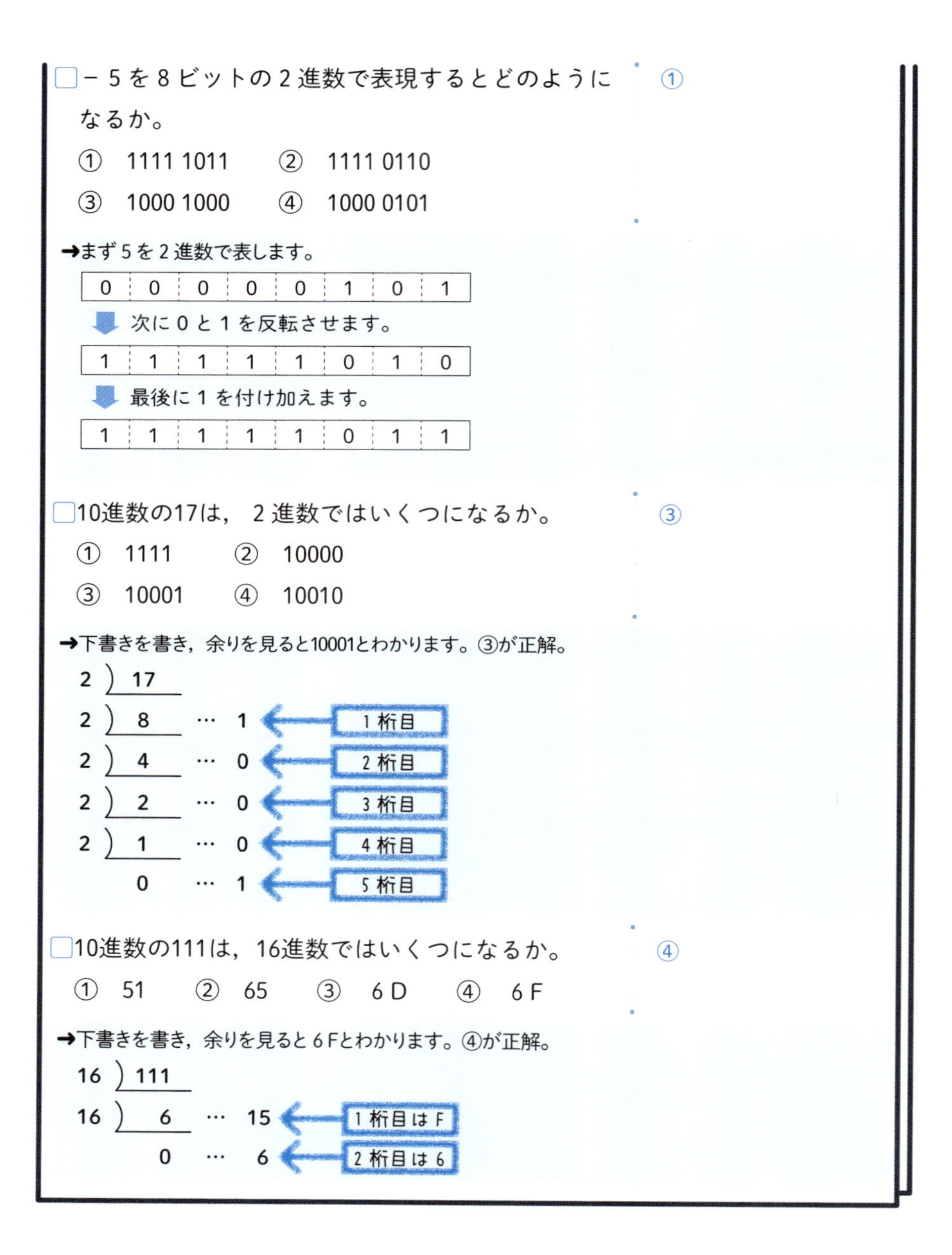

□－5を8ビットの2進数で表現するとどのようになるか。

① 1111 1011　② 1111 0110
③ 1000 1000　④ 1000 0101

①

➔まず5を2進数で表します。

0	0	0	0	0	1	0	1

⬇ 次に0と1を反転させます。

1	1	1	1	1	0	1	0

⬇ 最後に1を付け加えます。

1	1	1	1	1	0	1	1

□10進数の17は，2進数ではいくつになるか。

① 1111　② 10000
③ 10001　④ 10010

③

➔下書きを書き，余りを見ると10001とわかります。③が正解。

2) 17
2) 8 … 1 ← 1桁目
2) 4 … 0 ← 2桁目
2) 2 … 0 ← 3桁目
2) 1 … 0 ← 4桁目
0 … 1 ← 5桁目

□10進数の111は，16進数ではいくつになるか。

① 51　② 65　③ 6D　④ 6F

④

➔下書きを書き，余りを見ると6Fとわかります。④が正解。

16) 111
16) 6 … 15 ← 1桁目はF
0 … 6 ← 2桁目は6

02 情報表現

▶変数と定数，演算子について詳しく見ていきましょう。

変数と定数

変数(へんすう)とは，文字列や数値などを一時的に保存するものです。各種変数と定数(ていすう)について，どのようなものか見ていきましょう。

なお，クラスとメソッドは第２章03で学習しました。

ローカル変数

特定のメソッドの中で値を保存するために利用する変数。限定された範囲でしか利用できない。

インスタンス変数

インスタンスとは，クラスの中で，より具体的な内容を書いたソースコードのかたまりです。

特定のインスタンスの中で値を保存するために利用する変数。そのインスタンスだけで利用することになる。

クラス変数

特定のクラスの中で値を保存するために利用する変数。クラス内の複数のインスタンスで共通して利用する。

グローバル変数

どこからでも利用できる変数。

定数

一度値を代入すると変更できない変数。

クラス１とクラス２に分かれているプログラムを例に説明します。クラス１はインスタンス１とインスタンス２に分かれています。インスタンス１にはメソッド11があり，インスタンス２にはメソッド22があります。

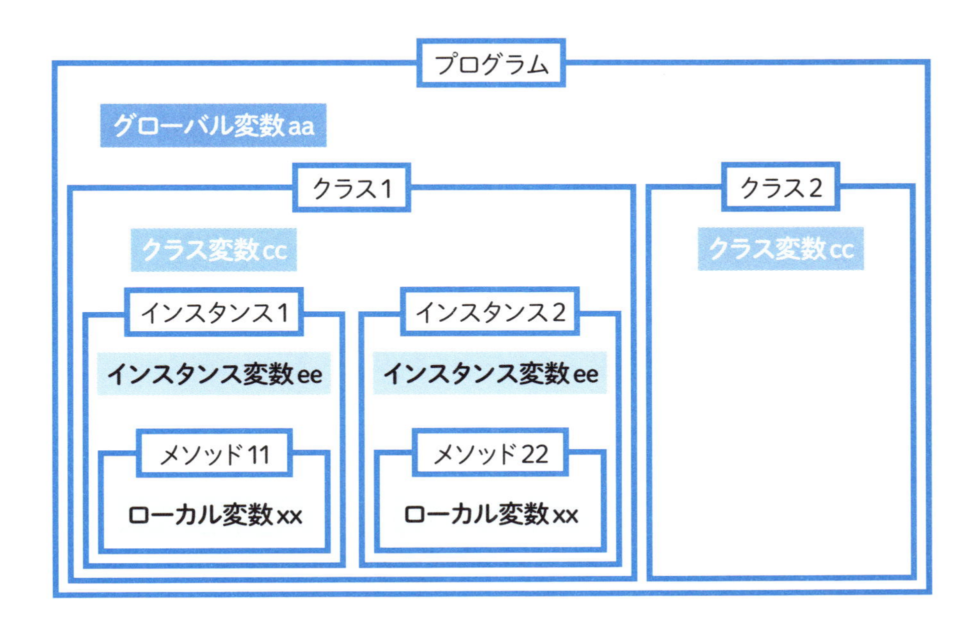

グローバル変数aaは，プログラムの中で１つしか存在しません。

クラス変数ccは，クラス１の中で１つしか存在しませんが，別のクラスであるクラス２に存在することができます。つまり，クラスが違えば，複数存在することができるのです。

インスタンス変数eeは，インスタンス１の中で１つしか存在しませんが，別のインスタンスであるインスタンス２に存在することができます。つまり，インスタンスが違えば，複数存在することができるということです。

ローカル変数xxは，メソッドの中で１つしか存在しません。つまり，メソッドが違えば，複数存在することができます。

演算子

第３章でも演算子を学習しましたが，算術演算子，代入演算子，関係演算子，論理演算子について詳しく学習します。

算術演算子

算術演算子とは，変数を計算するために利用される演算子です。

種別	演算子	例	内容
加算	+	a + b	aにbを加える
減算	-	a - b	aから b を減らす
乗算	*	a * b	aにbを掛ける
除算	/	a / b	aをbで割る
剰余算	%	a % b	aをbで割った余りを計算

代入演算子

代入演算子とは，変数に対して値を代入するために利用される演算子です。代入演算子の基本は「=」ですが，他の算術演算子と組み合わせた演算子もあります。

種別	演算子	例	内容
代入	=	a = b	aにbを代入する
加算代入	+=	a += b	aにa + bを代入する
減算代入	-=	a -= b	aにa - b を代入する
乗算代入	*=	a *= b	aにa×bを代入する
除算代入	/=	a /= b	aにa÷bを代入する
剰余代入	%=	a %= b	aにa÷bの余りを代入する

関係演算子

関係演算子は，条件判定や変数の値を比較するときに利用します。関係演算子は，2つの値を比較し，結果を真か偽で返します。このため，関係演算子は，結果が論理型（真か偽）で表されます。

演算子	例	内容
==	a == b	aとbが等しいとき「真」
!=	a != b	aとbが等しくないとき「真」
>	a > b	aがbより大きいとき「真」
>=	a >= b	aがbより大きいか等しいとき「真」
<	a < b	aがbより小さいとき「真」
<=	a <= b	aがbより小さいか等しいとき「真」

論理演算子

論理演算子とは，論理演算を行うために利用される演算子です。

種別	演算子	例	内容
論理積	&&	a && b	aとbが共に真であれば「真」 そうでなければ「偽」
論理和	||	a || b	aとbのどちらかが真であれば「真」 そうでなければ「偽」
排他的論理和	^	a ^ b	aとbが違えば「真」 aとbが同じであれば「偽」 ↓ aとbのうち真が1つなら「真」
論理反転	!	!a	aが真であれば「偽」 aが偽であれば「真」

❶論理積（AND）

論理積(ろんりせき)であるANDは，日本語の「かつ」を意味しています。つまり，aかつbであるか，を表しています。

論理積という名のとおり，0と1で掛け算をした場合の結果と同じ結果になっています。

たとえば，1 AND 1は，1 × 1ですので，結果は1です。1 AND 0は，1 × 0ですので，結果は0です。

論理積の真理表

コンピュータ		日本語		プログラム	
計算	結果	計算	結果	コード	結果
1 AND 1	1	真かつ真	真	TRUE & & TRUE	TRUE
1 AND 0	0	真かつ偽	偽	TRUE & & FALSE	FALSE
0 AND 1	0	偽かつ真	偽	FALSE & & TRUE	FALSE
0 AND 0	0	偽かつ偽	偽	FALSE & & FALSE	FALSE

❷論理和（OR）

論理和(ろんりわ)であるORは，日本語の「または」を意味しています。つまり，aまたはbであるか，を表しています。

論理和という名のとおり，0と1で足し算をした場合の結果と同じ結果になっています。

たとえば，0 OR 0は，0 + 0ですので，結果は0です。1 OR 0は，1 + 0ですので，結果は1です。

なお，1 OR 1は，結果は1です。これは，論理演算では0と1でしか表現できないため，結果が2となることはありません。

論理和の真理表

コンピュータ		日本語		プログラム	
計算	結果	計算	結果	コード	結果
1 OR 1	1	真または真	真	TRUE || TRUE	TRUE
1 OR 0	1	真または偽	真	TRUE || FALSE	TRUE
0 OR 1	1	偽または真	真	FALSE || TRUE	TRUE
0 OR 0	0	偽または偽	偽	FALSE || FALSE	FALSE

❸排他的論理和（XOR）

排他的(はいたてき)論理和であるXORは，２つの値が違うかどうかを表します。

排他的論理和は，０と１で剰余算をした場合の結果と同じ結果になっています。

たとえば，1 XOR 1は，1÷1の余りですので，結果は0です。1 XOR 0は，1÷0の余りですので，結果は1です。

なお，論理演算では，0 XOR 1は，0÷1の余りですが，0でなく1とします。数学的な0÷1と同じと考えず，２つの値から生じる余りとして扱います。

排他的論理和の真理表

コンピュータ		日本語		プログラム	
計算	結果	計算	結果	コード	結果
1 XOR 1	0	真と真で真が１つか	偽	TRUE ^ TRUE	FALSE
1 XOR 0	1	真と偽で真が１つか	真	TRUE ^ FALSE	TRUE
0 XOR 1	1	偽と真で真が１つか	真	FALSE ^ TRUE	TRUE
0 XOR 0	0	偽と偽で真が１つか	偽	FALSE ^ FALSE	FALSE

❹論理反転（NOT）

論理反転であるNOTは，１つの値に対して演算を行うもので，日本語の「でない」を表しています。つまり，aでない，を表しています。論理反転は否定ともいいます。

論理反転の真理表

コンピュータ		日本語		プログラム	
計算	結果	計算	結果	コード	結果
NOT 1	0	真でない	偽	!TRUE	FALSE
NOT 0	1	偽でない	真	!FALSE	TRUE

ビット演算子

これまでコンピュータは「０か１」で動くと説明してきました。この「０か１」を１ビットという単位で表します。「０か１」という１ビットをいくつか集めてコンピュータに指示するのですが，実際には８個セットや16個セットなどにすることが多いです。１ビットを８個セットにしたものを**１バイト**といいます。

１バイト →

0	0	0	0	0	0	1	1

１つ１つの値で演算するのではなく，ビットの集まりに対して演算することをビット演算といい，そのための演算子をビット演算子といいます。今回は１バイト，つまり８ビットを例にしてビット演算子の説明をします。

種別	演算子	例	内容
左シフト	<<	a << n	aをn桁左シフト
右シフト	>>	a >> n	aをn桁右シフト
補数	˜	˜a	aのビットパターンを反転
論理積	&	a & b	aとbのビット単位の論理積
論理和	|	a | b	aとbのビット単位の論理和
排他的論理和	^	a ^ b	aとbの排他的論理和

❶左シフト

左シフトとは，ビット列を表した２進数の値を１桁左にずらすこと（左シフトすること）です。左シフトすると，変数の値は２倍になります。

たとえば，aの値が４であった場合，左に１ビットシフトしてみると，aの値は８になります。さらに左に１ビットシフトすると，aの値は16になります。

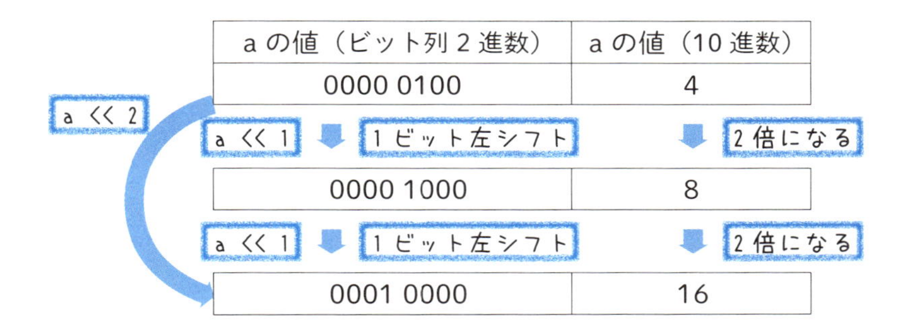

a の値（ビット列２進数）	a の値（10 進数）
0000 0100	4
0000 1000	8
0001 0000	16

例　a＝７を左に２ビットシフトするとaの値はいくつになるか。

解答 28

解説　７をビット表示すると0000 0111となる。111を左に２桁移動させるので，0001 1100となり，28となる。ただ，２進数に直して計算すると手間がかかるので，次のように左に１ビットシフトするごとに２倍と考え，計算するのがオススメ。

$7 \times 2 \times 2 = 28$

❷右シフト

右シフトとは，ビット列を表した2進数の値を1桁右にずらすこと（右シフトすること）です。右シフトすると，変数の値は1/2倍になります。

たとえば，aの値が4であった場合，右に1ビットシフトしてみると，aの値は2になります。さらに右に1ビットシフトすると，aの値は1になります。

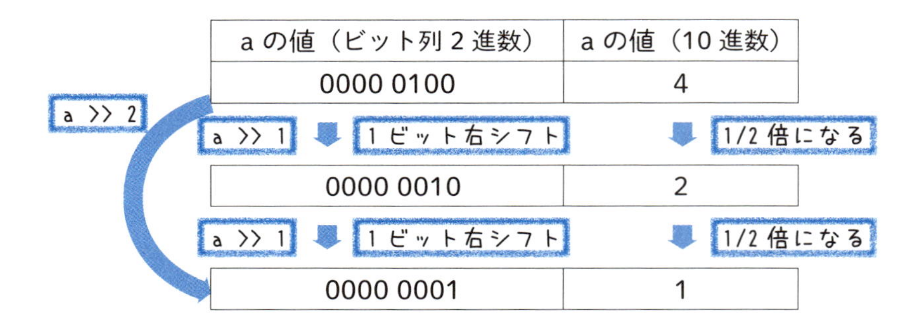

a の値（ビット列 2 進数）	a の値（10 進数）
0000 0100	4
0000 0010	2
0000 0001	1

例　a＝12を右に2ビットシフトするとaの値はいくつになるか。

解答　3

解説　12をビット表示すると0000 1100となる。11を右に2桁移動させるので，0000 0011となり，3となる。ただ，2進数に直して計算すると手間がかかるので，次のように右に1ビットシフトするごとに1/2倍と考え，計算するのがオススメ。

$12 \times 1/2 \times 1/2 = 3$

試験対策

03 流れ図

▶おおまかな流れ図は第４章で学びましたが，ここで詳しく見ていきましょう。

第6章 ITの基本知識

流れ図（フローチャート）

流れ図（フローチャート）とは，処理の流れを表した図のことです。プログラミングで使う流れ図は，アルゴリズムを表現することが多いです。

流れ図で使う記号

流れ図は，次の記号を使います。最初から覚える必要はありませんので，流れ図を見ていきながら，少しずつ意味を理解していきましょう。

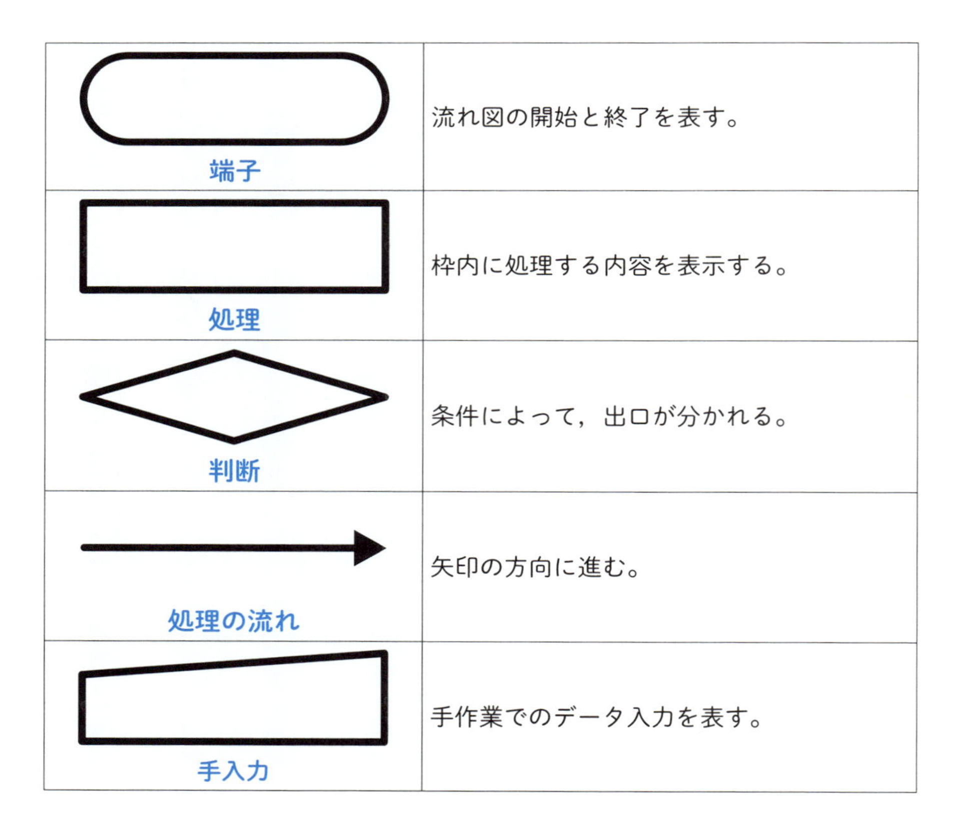

記号	意味
端子	流れ図の開始と終了を表す。
処理	枠内に処理する内容を表示する。
判断	条件によって，出口が分かれる。
処理の流れ	矢印の方向に進む。
手入力	手作業でのデータ入力を表す。

記号	説明
定義済み処理	別の場所で定義された処理を表す。
破線	注釈の対象を囲む。
反復（ループ）	反復（ループ）の始まりと終わりを表す。

流れ図は，これらの記号を使って，上から下に流れていくように表記します。流れ図をどのように作るのか，詳しく見ていきましょう。

順次処理

順次処理とは，上から下へ順番に処理することです。一番シンプルな処理方法で，第４章では順次構造として学習しました。ここでは，流れ図の基本的な書き方と読み方を学びましょう。

例　窓口の入力画面の料金ボタンを押すと，料金800が表示される。

料金の変数をfeeとし，料金を画面に表示するアルゴリズムを作成した。

解説　アルゴリズム，流れ図は次のようになります。

アルゴリズム

fee＝800;　―― feeに800を入れる

流れ図

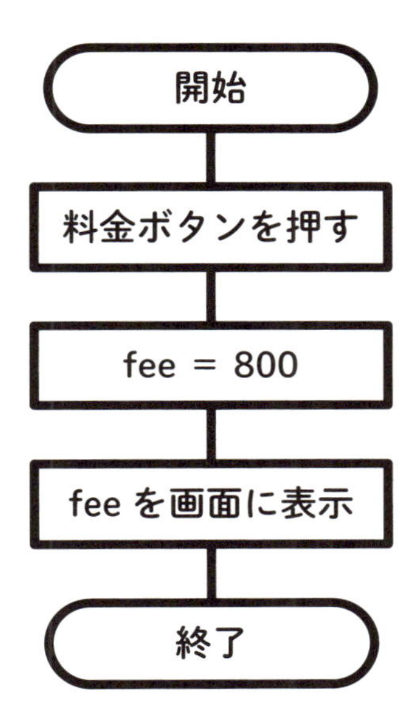

開始から始まり，
上から下に流れるように
処理が進む

分岐処理

分岐処理とは，条件に当てはまっているかどうかを判定し，条件を満たしている場合と満たしていない場合で異なる処理を実行するものです。第4章では選択構造（条件分岐）として学習しました。

たとえば，大人と子供で入場料を分ける場合は，大人なら大人料金，大人でない場合は子供料金，というように「大人かどうか」で異なる処理を実行します。

例　窓口の入力画面に年齢を入力し，13歳以上なら大人料金800，13歳未満なら子供料金200が表示される。

年齢の変数をage，料金の変数をfeeとし，年齢によって大人料金か子供料金を表示するアルゴリズムを作成した。

解説　アルゴリズム，流れ図は次のようになります。

アルゴリズム

```
if( age ≧ 13 ){        ― ageが13以上だった場合
  fee＝800;            ― feeに800を入れる
}else{                 ― ageが13以上でなかった場合
  fee＝200;            ― feeに200を入れる
}
```

流れ図

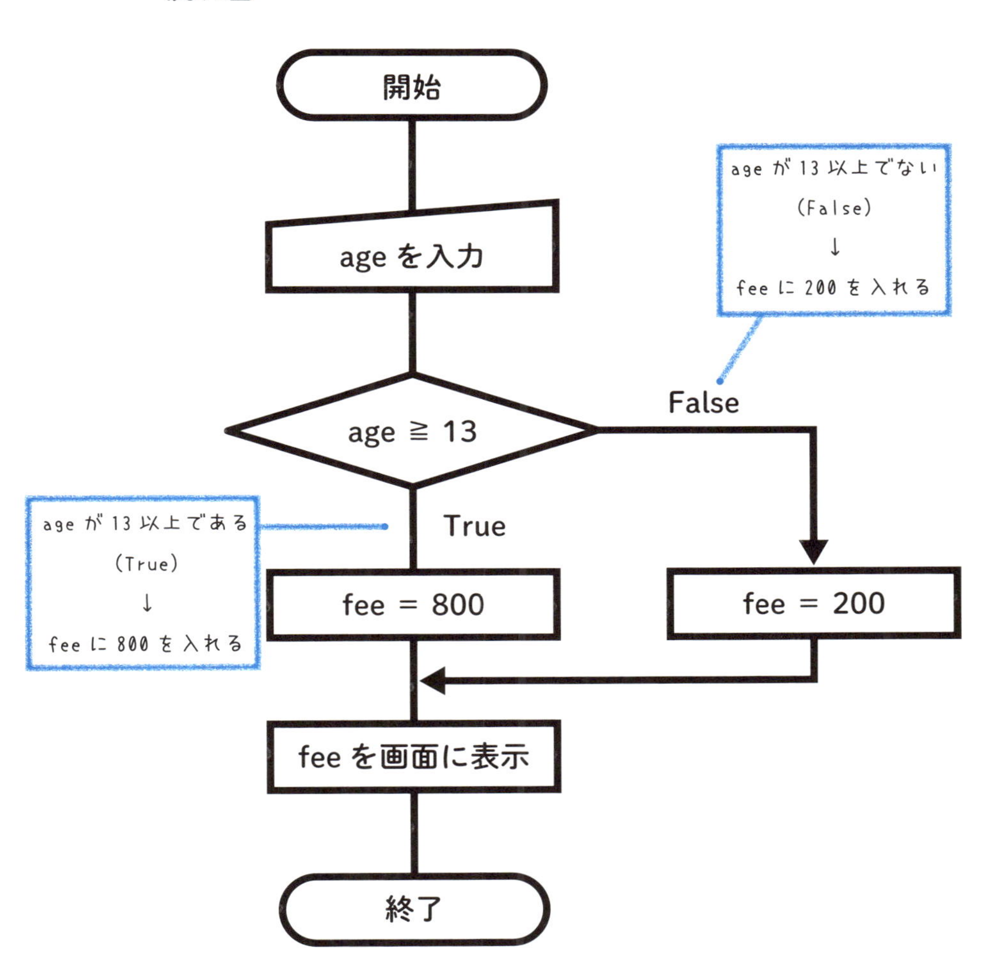

開始
ageを入力
age ≧ 13
False
True
ageが13以上でない
(False)
↓
feeに200を入れる
ageが13以上である
(True)
↓
feeに800を入れる
fee = 800
fee = 200
feeを画面に表示
終了

反復処理（ループ処理）

反復処理（ループ処理）とは，条件を満たす間は処理を繰り返し実行するものです。第４章では繰り返し構造（ループ）として学習しました。

たとえば，先着20名のイベントを開催した場合，20名になるまでは同じ処理を行い，20名になったら処理を終了する場合に反復処理を使います。

例　先着20名のイベントを開催し，窓口の入力画面の料金ボタンを押すと，申込番号と料金800が表示される。申込番号が21になると窓口の入力画面に満席と表示される。

申込番号の変数をi，料金の変数をfeeとし，申込番号と料金を画面に表示するアルゴリズムを作成した。

解説　アルゴリズム，流れ図は次のようになります。

アルゴリズム

iの初期値は1　／　iが20になるまで実行　／　繰り返す毎に1増える

```
for(i＝1;  i≦20;  i＝i＋1){
  fee＝800;        ← feeに800を入れる
}
```

流れ図

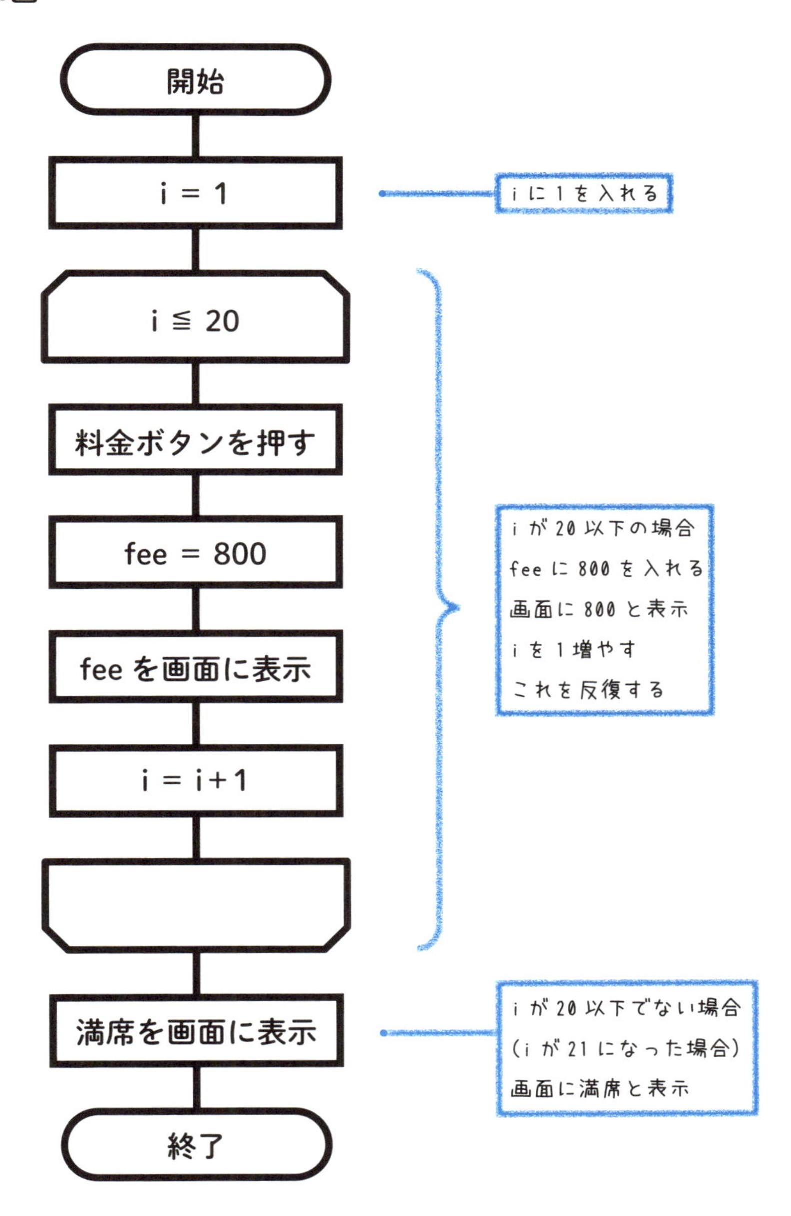

開始
i = 1
i に 1 を入れる
i ≦ 20
料金ボタンを押す
fee = 800
fee を画面に表示
i = i+1
i が 20 以下の場合
fee に 800 を入れる
画面に 800 と表示
i を 1 増やす
これを反復する
満席を画面に表示
i が 20 以下でない場合
(i が 21 になった場合)
画面に満席と表示
終了

反復処理は反復（ループ）記号を使わずに判断記号を使って，次のように表現することもあります。どちらも同じですので，両方の書き方を理解しておきましょう。

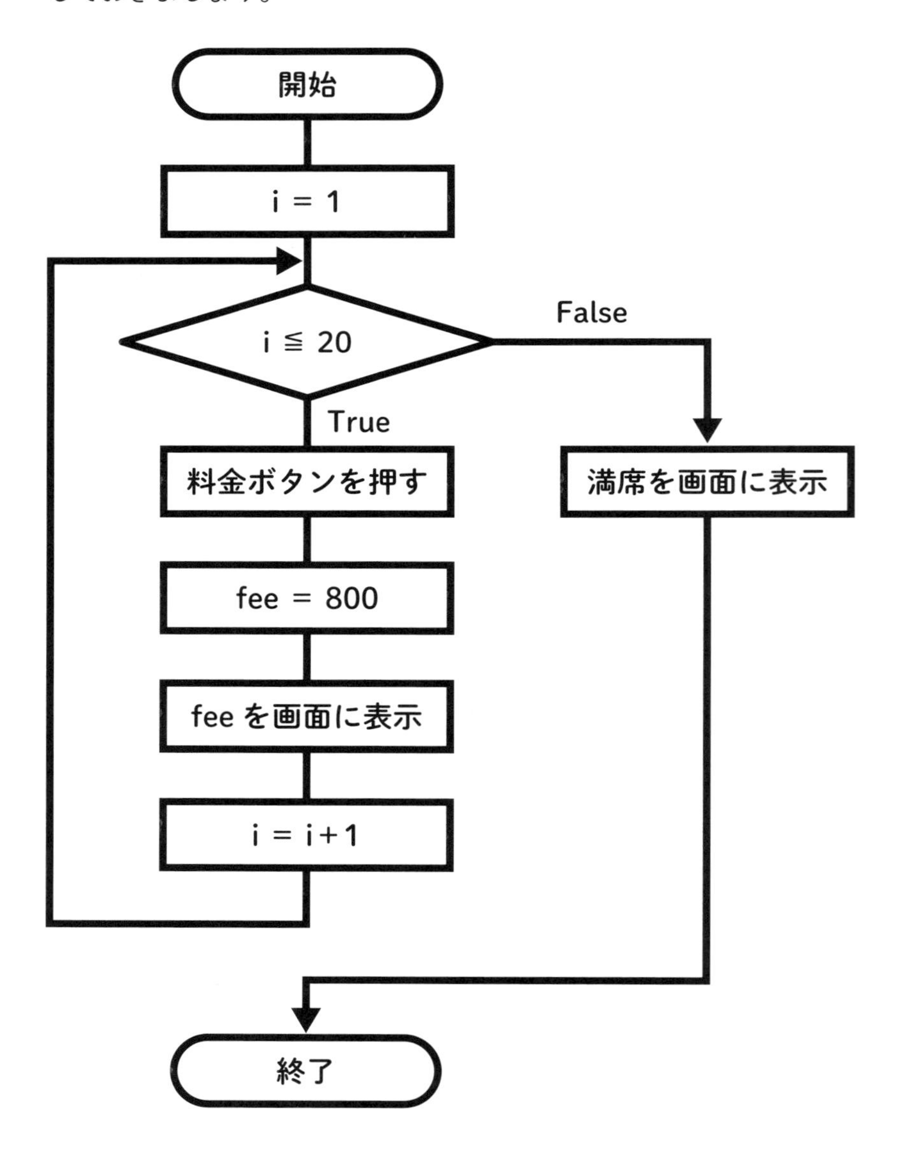

理解度チェック

□身長と体重を測定し，体格指数BMIを計算し，低体重，標準，肥満のどれかを画面に表示する。身長の変数ht，体重の変数wtは測定器から自動で入力されるものとする。

$BMI = wt \div (ht)^2$

なお，BMIの変数はbmiを使用している。

表1　BMIと判定結果

	低体重	標準	肥満
BMI	18.5未満	18.5以上25未満	25以上

以下のアルゴリズムと流れ図の空欄に入る最も適切なものを選択せよ。

【選択肢】

【1】（1）wt / ht^2　（2）$wt * ht^2$　（3）$wt + ht^2$　（4）wt^2 / ht

【2】（1）else if(18.5 < bmi ≦ 25)　（2）else(18.5 < bmi ≦ 25)

（3）else if(18.5 ≦ bmi < 25)　（4）else(18.5 ≦ bmi < 25)

【3】（1）＞　（2）＜　（3）≧　（4）≦

アルゴリズム

```
bmi= 【1】;
if(bmi<18.5){
    printf("低体重");
}【2】{
    printf("標準");
}else{
    printf("肥満");
}
```

流れ図

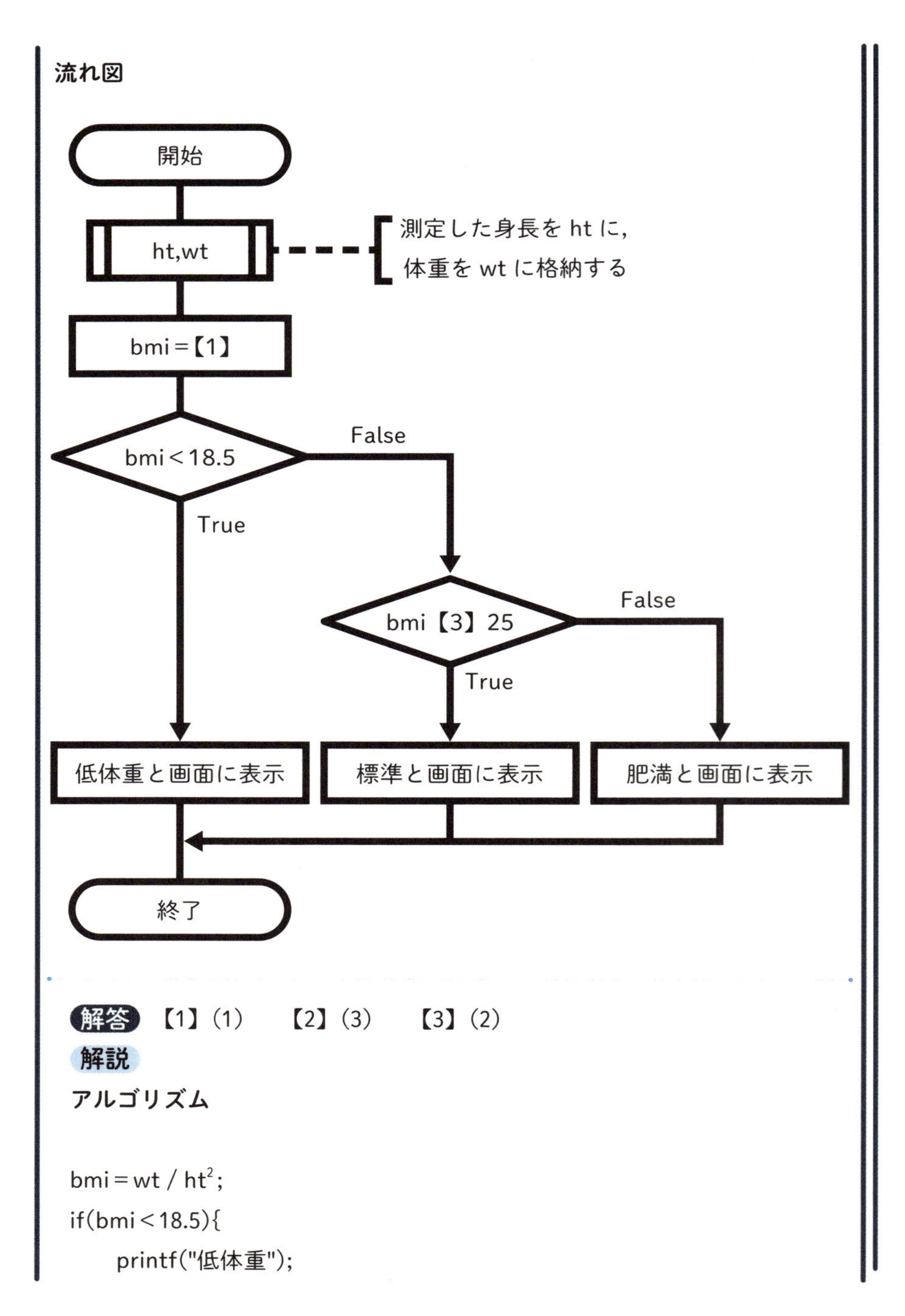

解答　【1】(1)　【2】(3)　【3】(2)

解説

アルゴリズム

```
bmi = wt / ht²;
if(bmi < 18.5){
    printf("低体重");
```

```
} else if(18.5≦bmi<25){
    printf("標準");
}else{
    printf("肥満");
}
```

else ifについては，第４章03で学習しました。

流れ図

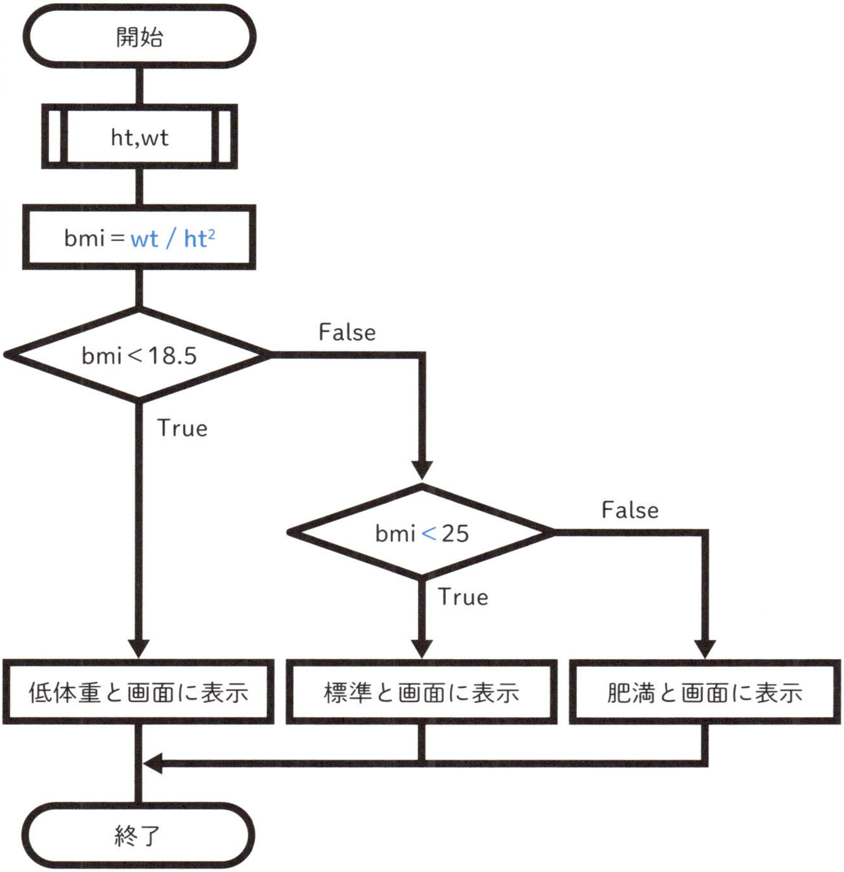

開始

ht,wt

bmi＝wt / ht^2

bmi<18.5

False

True

bmi<25

False

True

低体重と画面に表示

標準と画面に表示

肥満と画面に表示

終了

□スキージャンプの採点では，飛んだ距離による点数（飛距離点）と美しさなどによる点数（飛型点）の２つの合計で順位が決まる。飛型点では，５名の審査員が20点満点で採点し，公平を期するため，一番高い点数と一番低い点数を除いた３人の合計を足した点数（60点満点）を使用する。

表１の場合，飛型点は次のように計算する。
（19.5＋18.0＋18.5＋16.0＋18.0）－19.5－16.0＝54.5

表１　X選手の飛型点の採点結果

審査員A	審査員B	審査員C	審査員D	審査員E
19.5	18.0	18.5	16.0	18.0
最高点			最低点	

５名の審査員の得点が与えられたとき，得点を変数scoreに求めるアルゴリズムである。審査員の得点は，添字を０からはじめる配列each_scoreに格納するものとする。最高点maxと最低点minを求める副プログラムが与えられ，呼び出すことができる。
※添字については第６章04で説明する。

次のページの流れ図の空欄に入る最も適切なものを選択せよ。

【選択肢】
【1】（1）≧　（2）≦　（3）>　（4）<
【2】（1）each_score　（2）each_score[i]　（3）total　（4）total[i]
【3】（1）each_score[i]　（2）total　（3）score　（4）min

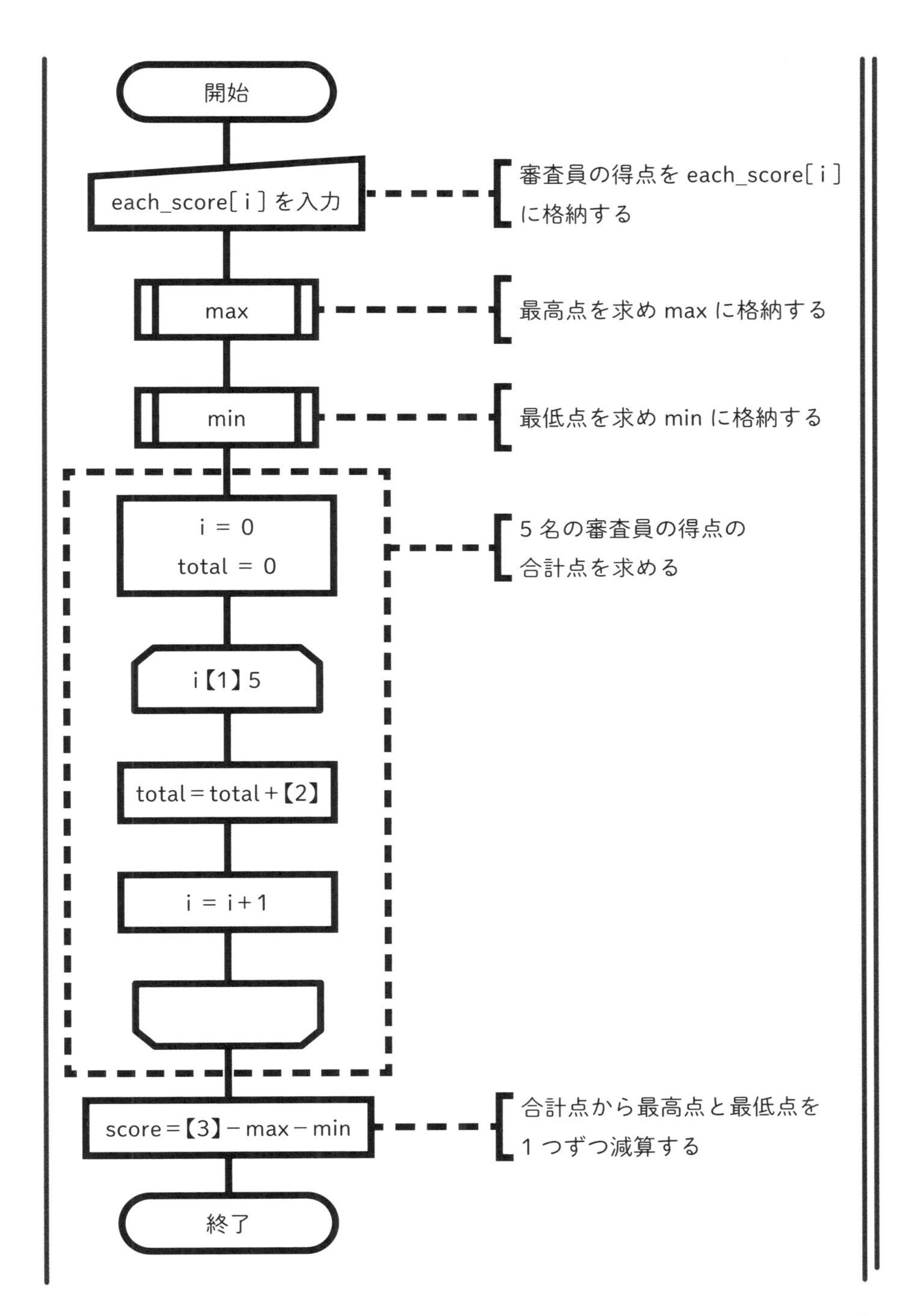
開始
each_score[i] を入力
審査員の得点を each_score[i]
に格納する
max
最高点を求め max に格納する
min
最低点を求め min に格納する
i = 0
total = 0
5 名の審査員の得点の
合計点を求める
i【1】5
total = total +【2】
i = i + 1
score =【3】− max − min
合計点から最高点と最低点を
1 つずつ減算する
終了

解答　【1】(4)　【2】(2)　【3】(2)

解説　各問の解説，アルゴリズム，流れ図は次のようになる。

【1】 i< 5 となる理由

審査員は５名なので，５名分を合計したい。つまり，iが０から４までの５名分を合計すればよいことになる。

```
total＝total＋each_score [ 0 ];
total＝total＋each_score [ 1 ];
total＝total＋each_score [ 2 ];
total＝total＋each_score [ 3 ];
total＝total＋each_score [ 4 ];
```

iが４以下になること，言い換えるとiが５未満になればよいので，i< 5 となることがわかる。

【2】 total＝total＋each_score [i]となる理由

審査員の採点each_score [i]をtotalに集計していくので，【2】はeach_score [i]を入れることがわかる。

```
total＝total＋each_score [ i ]
```

【3】 score＝total－max－minとなる理由

得点は，審査員の採点の合計であるtotalから最高点と最低点を差し引いて求めるので，【3】はtotalを入れることがわかる。

アルゴリズム

```
each_score [ 5 ]＝{ 19.5, 18.0, 18.5, 16.0, 18.0 };
max＝19.5;
min＝16.0;
total＝0;
for(i＝0;　i＜5;　i＝i＋1){
  total＝total＋each_score [ i ];
}
```

score＝total－max－min;

アルゴリズムの説明

① 審査員の採点を配列に入れる。

each_score [5]＝{ 19.5, 18.0, 18.5, 16.0, 18.0 };

表 2 配列each_score [i]に入っている値

	配列の要素	配列に入っている値
審査員A	each_score [0]	19.5
審査員B	each_score [1]	18.0
審査員C	each_score [2]	18.5
審査員D	each_score [3]	16.0
審査員E	each_score [4]	18.0

② 副プログラムによって，最高点と最低点がmaxとminに入っている。

max＝19.5;

min＝16.0;

③ totalに 0 を入れる。

total＝ 0;

④ ループ処理をforで作ることで，totalに合計点が集計される。

```
for(i＝0;  i＜5;  i＝i＋1){
    total＝total＋each_score [ i ];
}
```

⑤ 得点scoreを計算する。

score＝total－max－min;

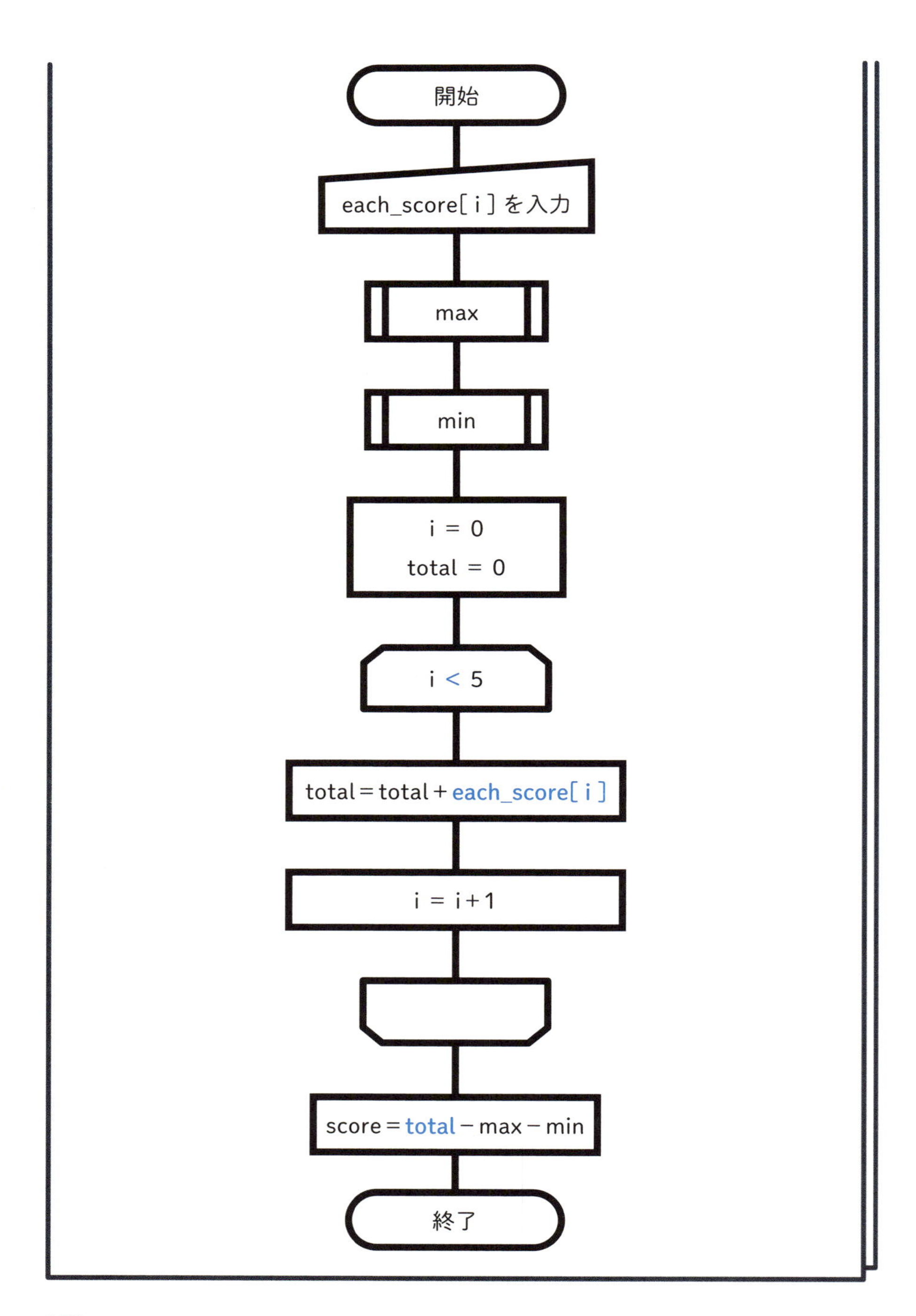
開始
each_score[i] を入力
max
min
i = 0
total = 0
i < 5
total = total + each_score[i]
i = i+1
score = total − max − min
終了

試験対策

04 データ構造

▶データの動きや並び順について見ていきましょう。

第6章 ITの基本知識

キュー

キューとは，先に保存したデータから，順番に出てくるデータ構造です。取り出すデータは，常に一番古いデータです。

キューにデータを保存することをエンキュー，キューからデータを取り出すことをデキューといいます。

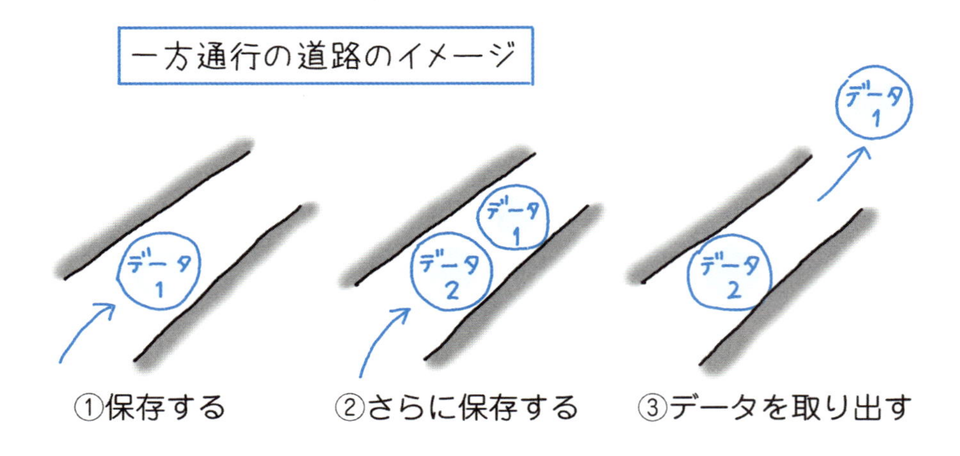

スタック

スタックとは，後に保存したデータから，順番に出てくるデータ構造です。取り出すデータは，常に最新のデータです。

スタックにデータを保存することをプッシュ，スタックからデータを取り出すことをポップといいます。

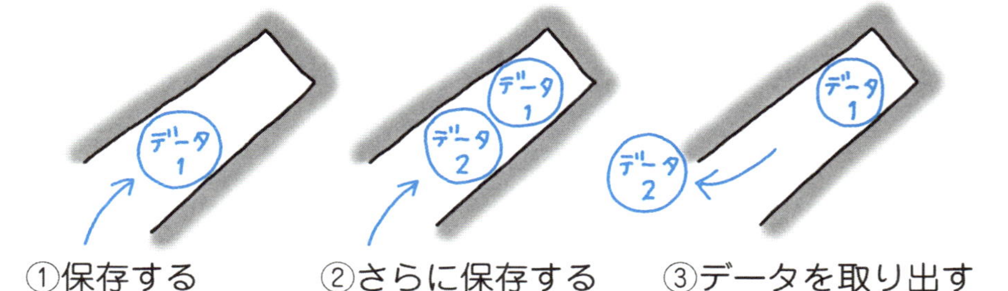

配列

配列とは，データを連続的に並べて保存する方法です。データを保存するときに，前から順番に添字(そえじ)が与えられ，データを呼び出すときに添字を利用して任意のデータを取り出すことができます。

取り出すデータは，添字で選択したデータです。

- **長所**　添字を使って，●番目のデータを取り出すことができる。
- **短所**　途中にデータを挿入できない。データの並べ替えもできない。

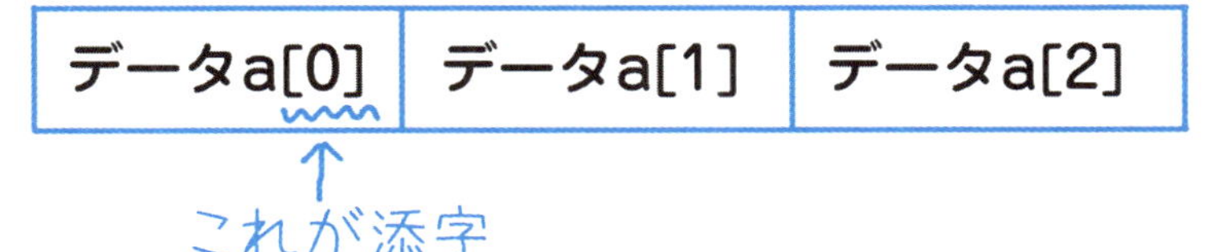

添字があるから「●番目のデータを取り出す」という指示ができる

リスト

リストとは，次のデータを指定して保存する方法です。また，次のデータを指定する番号をポインタと呼びます。リストは，ポインタによって，鎖のようにつながって保存されます。

取り出すデータは，前から順番に並んだデータです。

長所　途中にデータの挿入ができる。データの並べ替えもできる。
短所　添え字がないため，●番目のデータを取り出すことができない。

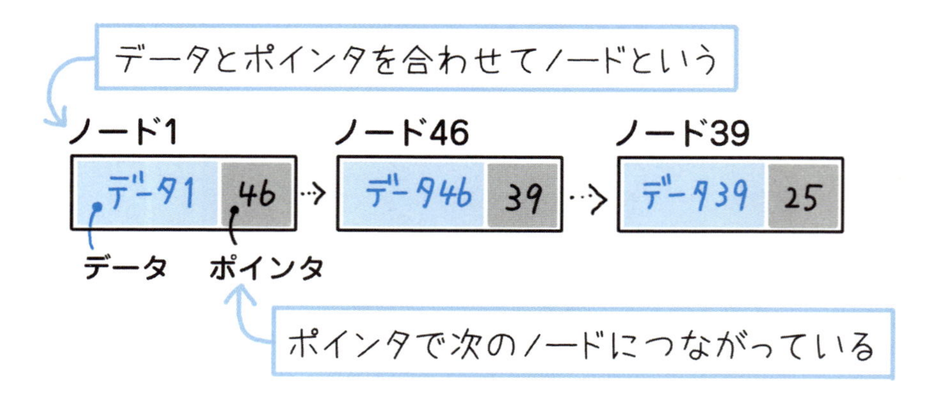

理解度チェック

□複数のデータが格納されているとき，後から入れたデータから先に取り出すことのできるしくみはどれか。

① ビッグデータ
② スタック
③ 配列
④ キュー

②

➜後から入れたデータを先に取り出すので，②スタックとわかる。

□複数のデータが格納されているとき，鎖のようにつないで表現するしくみの名称として最もふさわしいのはどれか。

① リスト
② チェーンメール
③ 配列
④ データベース

①

➜データを鎖のようにつないで表現するので，①リストとわかる。

□複数のデータが格納されているとき，添字で指定したデータを取り出すことができるしくみはどれか。

① リスト
② ポインタ
③ クラウド
④ 配列

④

➜添字で指定したデータを取り出すことができるので，④配列とわかる。

□複数のデータが格納されているとき，先に入れたデータから順に取り出すことができるしくみはどれか。

① キュー
② スクリプト
③ スタック
④ ノード

①

➜先に入れたデータから順に取り出すので，①キューとわかる。

試験対策

05 情報モラル

▶情報モラル，法律，セキュリティについて知っておきましょう。

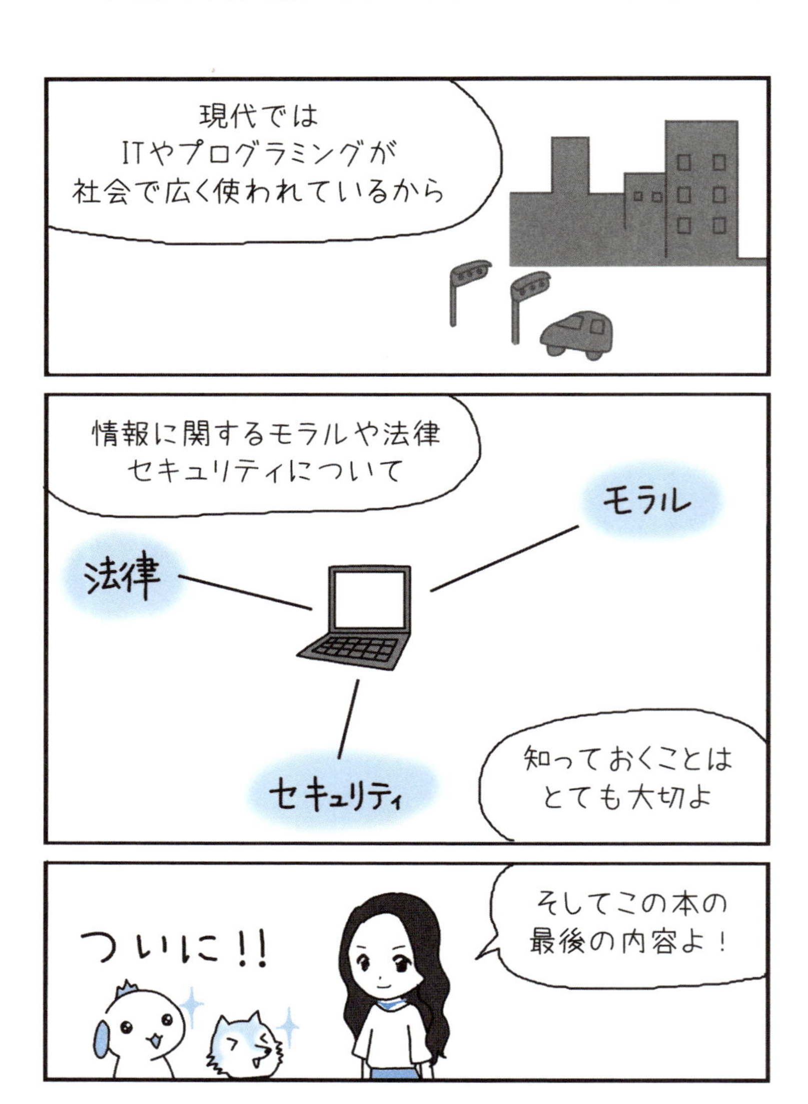

法律

プログラミングに関わる法律をいくつか見ていきましょう。

著作権法

知的財産権の１つで，無形の財産を保護している。文芸や音楽と同様にプログラムも保護対象である。

不正アクセス禁止法

ID・パスワードの不正な使用，そのほかの攻撃手法によってアクセス権限のないコンピュータへのアクセスを禁止した法律。

セキュリティ上の弱点を攻撃することも禁止。

個人情報保護法

個人情報取扱事業者が個人情報を適切に取り扱うことで，個人の権利利益を保護することを目的とする。

個人情報取扱事業者が個人データを第三者に提供する場合には本人の同意が必要。

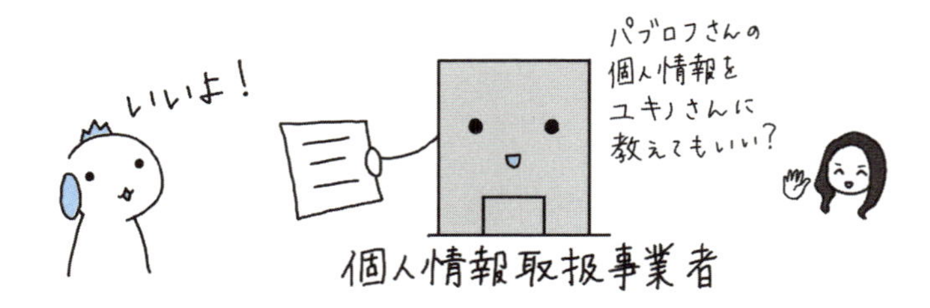

プロバイダ責任制限法

インターネット上でプライバシの侵害や著作権の侵害があった場合にプロバイダが負う損害賠償責任の範囲や情報の発信者に関する情報の開示を請求する権利を定めた法律。

プロバイダ

回線をインターネットに
つなげる接続事業者

不正行為

システムには大量の機密データが保存されていて，さまざまな不正行為の危険にさらされています。セキュリティの対策を学ぶ前に，まずはどのような不正行為があるのか知りましょう。

ソーシャルエンジニアリング

人の弱みやミスにつけこんで，パスワードなどを不正に取得する行為。

なりすまし

攻撃者がシステムの利用者になりすましてパスワードを聞き出す。

ショルダーサーフィン

攻撃者が利用者の暗証番号を肩越しにのぞきこみ記憶する。

フィッシング

インターネットや電子メールを使って，利用者を巧みに誘導し，情報を盗み取る手法。

DoS（ドス）攻撃

サーバに大量のデータを送ることにより，サービスの提供を不能にする不正行為。

ブルートフォース攻撃

パスワードで設定される可能性のある組合せのすべてを試すことで不正ログインを試みる攻撃手法。

不正プログラム

コンピュータに被害をもたらすプログラムのこと。コンピュータウイルスも不正プログラムの一種。

データ破壊・改ざんを行うワーム，マクロ機能を悪用したマクロウイルスなどを**コンピュータウイルス**という。

多数のコンピュータに感染し，遠隔操作で攻撃者から指令を受けるDoS攻撃などを行う不正プログラムを**ボット**という。

コンピュータウイルスやボットなど，不正に動作するソフトウェアをまとめて**マルウェア**ということもある。

情報セキュリティ

これらの不正行為からシステムを守ることを**情報セキュリティ**といいます。情報セキュリティには次のような考え方があり，情報セキュリティの要素ともいわれます。

① **機密性**

情報へのアクセス許可がある者だけがアクセスできること。

② **完全性**

情報が改ざんされておらず，正確で完全であること。

③ **可用性**

情報へのアクセス許可のある者が，必要な時にアクセスできること。

④ **真正性**

利用者や情報が本物であると明確にすること。

次に情報セキュリティの具体例を学びましょう。

認証

認証は大きく３種類に分けることができる。

① 個人の所有物に基づく認証（印鑑，IDカードなど）

② 個人の知識に基づく認証（パスワード，暗証番号など）

③ 個人の生態的特徴に基づく認証
（指紋や虹彩を使ったバイオメトリクス認証）

ネットワークのセキュリティ

ネットワークにつながっている私たちのコンピュータが，悪意を持ったコンピュータから侵入されるのを防ぐためのセキュリティ。

外部ネットワークとの間にファイアウォールを置くことが有名。

暗号化技術

コンピュータ間で機密情報をやりとりするときに，不正に情報を読み取られないようにする方法として，暗号化技術がある。

① 共通鍵暗号方式
情報の暗号化と復号（読める状態に戻すこと）に同じ鍵を使う。

② 公開鍵暗号方式
暗号化に公開鍵，復号に秘密鍵を使う。

③ ディジタル証明書
認証局により発行されたディジタル証明書により公開鍵が本物であることを保証する。

情報モラル

現代では，コンピュータをとても多くの人が使っています。法律で定められていなくても，モラルを持ってコンピュータを使わなければ，相手に不快な思いをさせたり，自分の品位を下げたりすることになります。

情報モラルとは，たとえばSNSやインターネット上でコメントをする際に相手を攻撃したり，挑発したりする言葉は書かない。メールで大きな容量のデータを送る際には外部ストレージを利用するなど相手の受信環境に配慮する。このように，コンピュータの向こうにいる相手のことを考えて行動することが情報モラルにつながります。

理解度チェック

□文芸や音楽と同時にプログラムも［　　　］によって保護されている。	著作権法
□人の弱みやミスにつけこんで，IDやパスワードなどを不正に取得する行為は［　　　　　　］と呼ばれる不正行為である。	ソーシャルエンジニアリング
□コンピュータウイルスやボットなど，不正に動作するソフトウェアをまとめて［　　　］という。	マルウェア
□情報セキュリティの要素のうち［　　　］とは，情報が改ざんされておらず正確なことを指す。	完全性
□ネットワークのセキュリティでは，外部ネットワークと自分のコンピュータの間に［　　　　　］を置くとよい。	ファイアウォール
□コンピュータを扱う際に，コンピュータの向こうにいる相手のことを考えて行動することを［　　　　］という。	情報モラル

第 7 章

試験対策

この章では日本商工会議所が主催するプログラミング検定の試験対策として，問題を用意しました。

プログラミング検定の概要

日本商工会議所が主催するプログラミング検定についての概要です。試験レベルはENTRY，BASIC，STANDARD，EXPERTの４段階ありますが，ここでは本書が対応しているBASICについて記載します。

〈日商プログラミング検定BASICの概要〉

試験方式：インターネット試験（CBT方式）
試験会場：各地商工会議所および各地商工会議所が認定した試験会場（自宅での受験は不可）
試 験 日：試験会場が日時を決定
受験資格：なし
受 験 料：4,400円（税込）
試験時間：40分
合格基準：知識科目70点以上
試験内容：プログラミングの基本知識，簡単なアルゴリズムについて出題される。C言語やJavaなど特定のプログラミング言語について問うことはない。

＊詳しくは日商プログラミング検定ホームページでご確認ください。

プログラミング検定の対策

まずはこの本を読み，理解度チェックに正解できるくらい内容を頭に入れてください。

次に，各ページの理解度チェックとこの章の試験対策問題を，自分で解けるようになるまで練習してください。

試験対策問題

第1問対策

次の各問にあてはまる答えとして，最も適切なものを選択肢から選びなさい。

1　コンピュータに対する指示を，自然言語に近い文法により記述する言語は何か。

①低水準言語
②高水準言語
③アセンブリ言語
④スクリプト言語

2　エディタで記述したプログラムを何というか。

①実行可能プログラム
②インタプリタ
③ライブラリプログラム
④ソースコード

3　プログラムが正しく実行できるように修正する作業を何というか。

①デバッグ
②リンカ
③バグ
④コンパイラ

4　コンピュータの設計思想を意味する言葉はどれか。

①CPU
②アーキテクチャ
③レジスタ
④ハードウェアインターフェース

5　コンピュータの構造について，次の説明のうち誤っているものはどれか。

①入力装置は，コンピュータにプログラムやデータを入力する装置である。

②出力装置は，コンピュータから処理結果を出力する装置である。

③記憶装置は，プログラムやデータを記憶する装置である。

④制御装置は，論理演算・四則演算を行う装置である。

6　OSの説明として誤っているものはどれか。

①代表的なOSとしては，WindowsやmacOSが挙げられる。

②OSは，コンピュータ全体の動きをコントロールする。

③OSは，ユーザが特定の目的で使うソフトウェアのことである。

④OSが異なっているとアプリケーションは基本的に共通して使うことができない。

7　2進数の1111は10進数でいくつになるか。

①11

②13

③15

④17

8　－2を8ビットの2進数で表現するとどのようになるか。

①1111 1111

②1111 1110

③1000 0010

④0000 0010

9　10進数の2048は8進数でいくつになるか。

①4000

②2000

③1000

④400

10　プログラムの中でどこからでも利用することができる変数を何というか。

①定数
②インスタンス
③グローバル変数
④ローカル変数

11　条件判定や変数の値を比較する演算子を何というか。

①算術演算子
②代入演算子
③論理演算子
④関係演算子

12　論理演算において結果が「偽」となるのはどれか。

①真または真
②真または偽
③偽または真
④偽または偽

13　複数のデータ(値)が格納されているとき，先に入れたデータから順に取り出すことができる仕組みの名称として最もふさわしいのはどれか。

①リスト
②キュー
③スタック
④配列

14　知的財産権のひとつで，プログラムなど無形の財産を保護している法律は何か。

①個人情報保護法
②プロバイダ責任制限法
③不正アクセス禁止法
④著作権法

第２問・第３問対策

スポーツ競技の採点で，７名の審査員が評価を行い，最も高い得点と最も低い得点を除いた平均点が最終的な得点となる。

例：20点満点の審査結果が次の表１のとおりであった場合，最高点20点を１つと最低点15点を１つ除いた５名の得点の平均を求め，18点となる。

表１　ある選手の審査結果

審査員１	審査員２	審査員３	審査員４	審査員５	審査員６	審査員７
18	20	20	16	15	17	19
	最高点	最高点		最低点		

７名の審査員の得点が与えられたとき，得点を変数scoreに求めるアルゴリズムである。審査員の得点は，添字を０からはじめる配列each_scoreに格納するものとする。最高点と最低点を求める副プログラムが与えられ，呼び出すことができる。

以下の流れ図の空欄に入る最も適切なものを選択せよ。

【選択肢】

【1】　(1) >　(2) ≧　(3) <　(4) ≦

【2】　(1) each_score　(2) total　(3) each_score[i]　(4) total[i]

【3】　(1) score　(2) total　(3) each_score[i]　(4) max

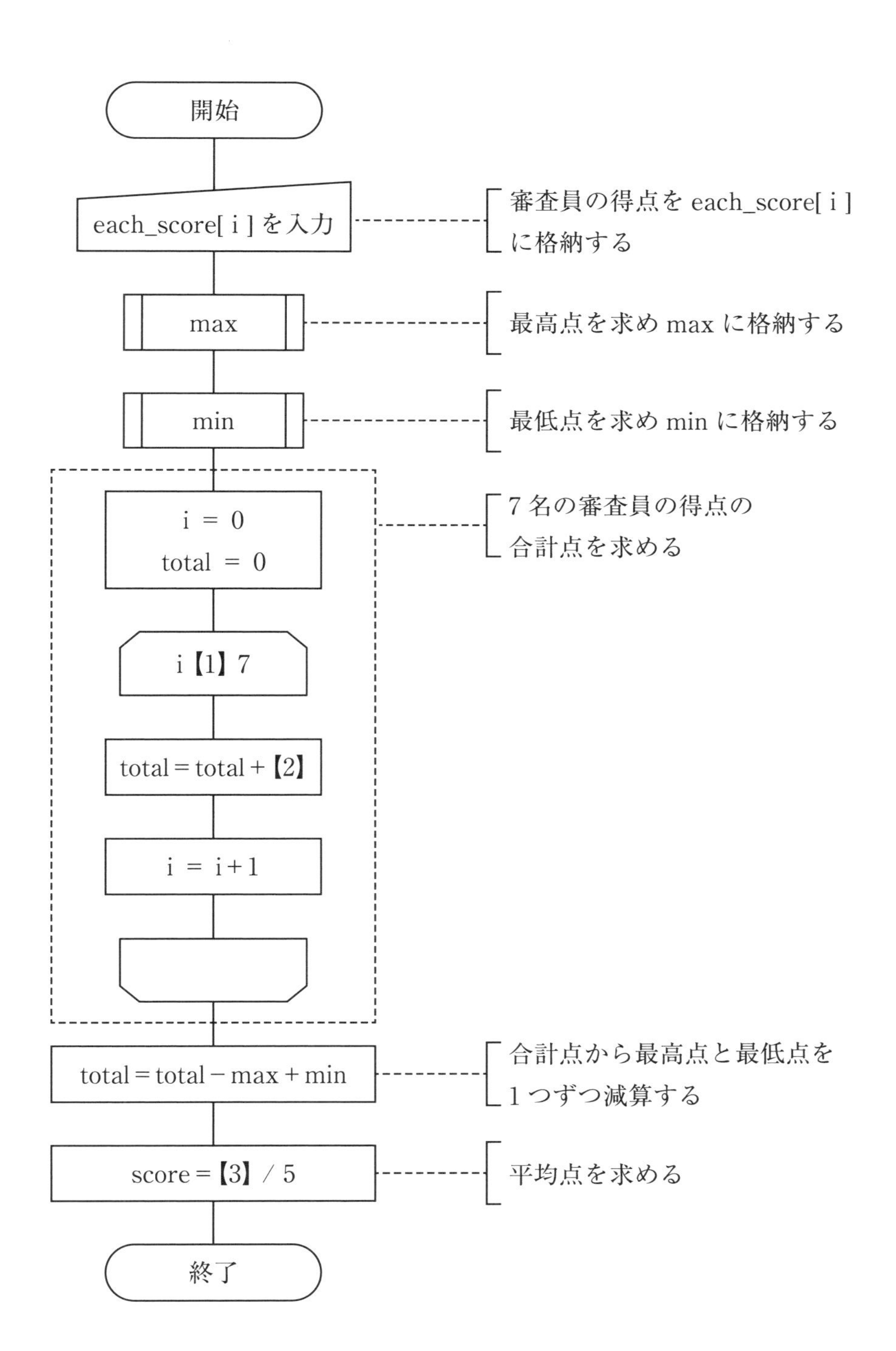
開始
each_score[i] を入力
審査員の得点を each_score[i] に格納する
max
最高点を求め max に格納する
min
最低点を求め min に格納する
i = 0
total = 0
7 名の審査員の得点の合計点を求める
i【1】7
total = total +【2】
i = i+1
total = total − max + min
合計点から最高点と最低点を 1 つずつ減算する
score =【3】/ 5
平均点を求める
終了

解答・解説

第1問対策

1　②

参考
第2章01　プログラミング言語の種類

➜コンピュータに対する指示を，自然言語に近い文法により記述する言語は②高水準言語です。その他の選択肢は次のとおりです。
①低水準言語は，マシン語に近い。
③アセンブリ言語は低水準言語であり，マシン語に近い。
④スクリプト言語は，PHPなど簡単なプログラムを作るためのプログラミング言語，または，動的型付けのプログラミング言語のこと。

2　④

参考
第2章06　プログラミングのしくみ

➜エディタで記述したプログラムを④ソースコードまたはソースプログラムといいます。その他の選択肢は次のとおりです。
①実行可能プログラムは，ソースファイルがコンパイルされ，マシン語になった状態のプログラムのこと。
②インタプリタは，ソースコードを1行ずつ解読しながらコンピュータで実行するプログラムのこと。
③ライブラリプログラムは，よくある指示を別の場所へ置いておき，必要なときに取り出すプログラムのこと。

3　①

参考
第2章06　プログラミングのしくみ

➜プログラムが正しく実行できるように修正する作業を①デバッグといいます。その他の選択肢は次のとおりです。
②リンカは，あるプログラムがライブラリプログラムを参照している場合，あるプログラムがライブラリプログラムを結合すること。
③バグは，プログラムの誤りのこと。バグを取り除く作業がデバッグです。
④コンパイラは，コンパイラ方式でソースコードをコンピュータへの指示に変換する場合の，変換に使うプログラムのこと。

4　②

参考
第5章01　ハードウェアとアーキテクチャ

➜コンピュータの設計思想を意味する言葉はアーキテクチャです。その他の選択肢は次のとおりです。
①CPUは，計算・処理・制御をする，コンピュータの中心部分。
③レジスタは，CPUがデータを扱うときに一時的に使われる記憶装置。
④ハードウェアインターフェースは，USBなどでハードウェアとハードウェアをつなぐこと。

5　④

参考
第5章01　ハードウェアとアーキテクチャ

➜制御装置は，演算装置・レジスタ・記憶装置・入力装置・出力装置がうまく動くように制御する役割を担う装置です。論理演算・四則演算を行う装置は演算装置です。なお，その他の選択肢は正しい説明です。

6　③

参考
第5章02　ソフトウェア

➜ユーザが特定の目的で使うソフトウェアという説明は，OSではなくアプリケーションの内容です。その他はOSの説明として正しいです。

7　③

参考
第6章01　2進数，8進数，16進数

➜2進数の1111を各桁に分けると，1桁目は2^0，2桁目は2^1，3桁目は2^2，4桁目は2^3と対応します。

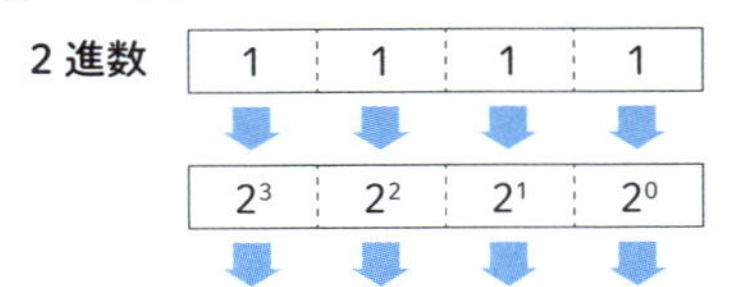

10進数　$1 \times 2^3 + 1 \times 2^2 + 1 \times 2^1 + 1 \times 2^0 = 15$

2^0は1，2^1は2，2^2は$2 \times 2 = 4$，2^3は$2 \times 2 \times 2 = 8$です。
つまり，$8 + 4 + 2 + 1 = 15$と計算することができます。

8　②

参考
第6章01　2進数，8進数，16進数

➜まず2を2進数で表します。

0	0	0	0	0	0	1	0

次に，0を1へ，1を0へ書き換え，反転させます。

1	1	1	1	1	1	0	1

最後に1を付け加えます。

1	1	1	1	1	1	1	0

9 ①

参考
第6章01　2進数，8進数，16進数

➜2048を8で割る下書きを書きます。

```
8 ) 2048
8 )  256  …  0  ← 1桁目
8 )   32  …  0  ← 2桁目
8 )    4  …  0  ← 3桁目
       0  …  4  ← 4桁目
```

下書きで書いた「余り」を使うと，8進数で表した数字になります。

8進数	4	0	0	0

10 ③

参考
第6章02　情報表現

➜どこからでも利用することができる変数はグローバル変数です。

11 ④

参考
第6章02　情報表現

➜条件判定や変数の値を比較する演算子は関係演算子です。

12 ④

参考
第6章02　情報表現

➜論理演算が「または」であるため，論理和の問題とわかります。論理和は，aとbのどちらかが真であれば「真」，そうでなければ「偽」であるため，aとbの両方が「偽」である④が正解。

13 ②

参考
第6章04　データ構造

➜先に入れたデータから順に取り出すことができるのは，キュー。

14 ④

参考
第6章05　情報モラル

➜知的財産権の1つで，プログラムなど無形の財産を保護している法律は著作権法です。その他の選択肢は次のとおりです。

①個人情報保護法は，個人情報取扱事業者が個人情報を適切に取り扱うことで，個人の権利利益を保護することを目的とする法律。
②プロバイダ責任制限法は，インターネット上でプライバシの侵害や著作権の侵害があった場合にプロバイダが負う損害賠償責任の範囲や，情報の発信者に関する情報の開示を請求する権利を定めた法律。
③不正アクセス禁止法は，ID・パスワードの不正な使用，そのほかの攻撃手法によってアクセス権限のないコンピュータへのアクセスを禁止した法律。

第2問・第3問対策

正解：【1】(3)　【2】(3)　【3】(2)

参考
第6章03　流れ図

➜各問の解説，アルゴリズム，流れ図は次のようになる。

【1】 i<7となる理由

審査員は7名なので，7名分を合計したい。つまり，iが0から6までの7名分を合計すればよいことになる。

```
total=total+each_score [ 0 ];
total=total+each_score [ 1 ];
total=total+each_score [ 2 ];
total=total+each_score [ 3 ];
total=total+each_score [ 4 ];
total=total+each_score [ 5 ];
total=total+each_score [ 6 ];
```

iが6以下になること，言い換えるとiが7未満になればよいので，i<7となることがわかる。

【2】 total=total+each_score [i]となる理由

審査員の採点each_score [i]をtotalに集計していくので，【2】はeach_score [i]を入れることがわかる。

```
total=total+each_score [ i ];
```

【3】 score=total / 5となる理由

最終的な得点は，最高点と最低点を除いたtotalを5で割るので，【3】はtotalを入れることがわかる。なお，5を使う理由は，最高点の1名と最低点の1名を除いた残り5名なので，5名の得点の合計の平均点を求めるためである。

```
score=total / 5;
```

アルゴリズム

```
each_score [ 7 ] = { 18, 20, 20, 16, 15, 17, 19 };
max = 20;
min = 15;
total = 0;
for(i = 0;   i < 7;   i = i + 1){
    total = total + each_score [ i ];
}
total = total − max − min;
score = total/5;
```

アルゴリズムの説明

①審査員の採点を配列に入れる。

```
each_score [ 7 ] = { 18, 20, 20, 16, 15, 17, 19 };
```

表2　配列each_score [i]に入っている値

	配列の要素	配列に入っている値
審査員1	each_score [0]	18
審査員2	each_score [1]	20
審査員3	each_score [2]	20
審査員4	each_score [3]	16
審査員5	each_score [4]	15
審査員6	each_score [5]	17
審査員7	each_score [6]	19

②副プログラムによって，最高点と最低点がmaxとminに入っている。

```
max = 20;
min = 15;
```

③totalに0を入れる。

```
total = 0;
```

④ループ処理をforで作ることで，totalに合計点が集計される。

```
for(i = 0 ;   i < 7 ;   i = i + 1 ){
    total = total + each_score [ i ];
}
```

⑤合計から最高点と最低点を減算する。

```
total = total − max + min;
```

⑥得点scoreを計算する。

```
score = total / 5 ;
```

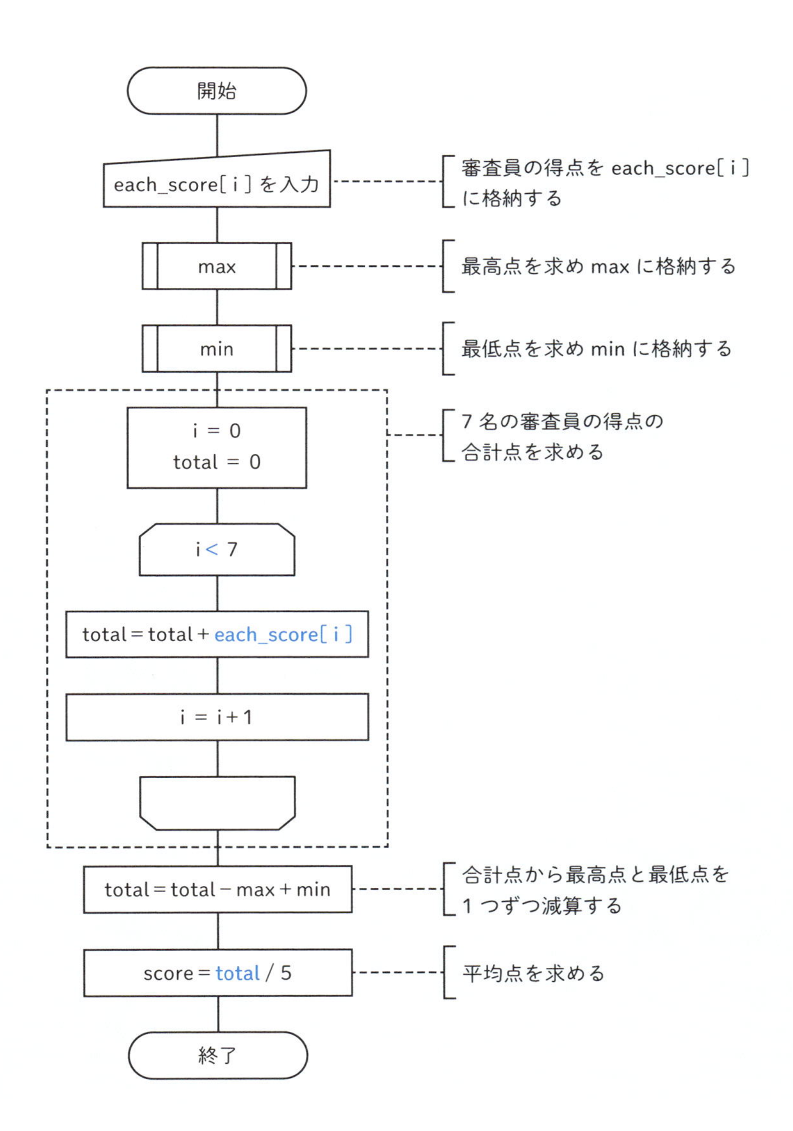
開始
each_score[i] を入力
審査員の得点を each_score[i]
に格納する
max
最高点を求め max に格納する
min
最低点を求め min に格納する
i = 0
total = 0
7 名の審査員の得点の
合計点を求める
i < 7
total = total + each_score[i]
i = i + 1
total = total − max + min
合計点から最高点と最低点を
1 つずつ減算する
score = total / 5
平均点を求める
終了

覚えておきたい数学用語

プログラミングは数学と深いかかわりがあるため，試験では数学用語が使われることがあります。基本的な数学用語を理解しておきましょう。

整数

整数（せいすう）は，－1，0，1などの数のことです。整数のうち1，2，3などを**正の整数**（**自然数**），－1，－2，－3などを**負の整数**といいます。

0.1，0.05などの**小数**，1/2などの**分数**は，整数には含まれません。

素数

素数（そすう）とは，1より大きい自然数で，約数が1と自身のみの数です。約数というのは，その整数を割り切ることができる数です。最小の素数は2で，2，3，5，7，11，…と無限に存在します。

定義は難しいですが，実際に考えると簡単です。たとえば素数である7を考えてみましょう。7は1より大きい自然数です。また，7を割り切ることができるのは1と7のみです。一方，8は1より大きい自然数ですが，1でも2でも4でも8でも割り切れるので素数ではありません。

素因数分解

掛け合わせたそれぞれの数を因数といいます。たとえば3×10＝30の3と10が因数です。30を因数に分解することを**因数分解**（いんすうぶんかい）といいます。30＝3×10や30＝2×3×5のように因数分解することができます。$x^2-3x+2=(x-1)(x-2)$も因数分解です。

因数分解のうち，因数が素数のものを**素因数分解**（そいんすうぶんかい）といいます。たとえば30ですと，30＝3×10は10が素数ではないので素因数分解ではありません。30＝2×3×5は2も3も5も素数なので素因数分解です。また，$90=2\times3^2\times5$も素因数分解です。

指数

3^2でいう 2 の部分を**指数**（しすう）といいます。3^2というのは 3 を 2 回かける，つまり 3 × 3 のことです。3^2 = 3 × 3 = 9 と計算できます。3^1は 3，3^0は 1 というのもよく使います。2^0や8^0も 1 です。

√（ルート）は根号ともいわれ，平方根を表します。数学の話になるので平方根の詳細な説明は省きますが，$\sqrt{9}$ = 3 × 3 のように，ある数を 2 回かけた数を√で表すことができます。一方，ある数を 2 回かけた数でない数を√の中に入れると$\sqrt{2}$ = 1.41421356…のように小数部分が出てくることになります。

絶対値

正や負の符号を無視した値を**絶対値**（ぜったいち）といいます。絶対値は，数直線上での 0 との距離ということもできます。＋ 3 の絶対値は 3，－ 3 の絶対値は 3， 0 の絶対値は 0 です。

【著者紹介】

よせだあつこ

willsi株式会社取締役。公認会計士。
監査法人トーマツを経て，スマートフォンアプリの企画・開発・販売をおこなうwillsi株式会社を設立。開発した学習アプリ「パブロフ」シリーズは累計100万ダウンロードの大ヒット。
監査法人ではシステム監査部門に所属，現職ではスマートフォンアプリのプログラミングをしていることから，ＩＴやプログラミングについてのわかりやすい説明に定評がある。日商プログラミング検定BASIC合格。
主な著書に『パブロフ流でみんな合格　日商簿記３級テキスト＆問題集』（翔泳社），『パブロフくんと学ぶ電卓使いこなしＢＯＯＫ』，『パブロフくんと学ぶＩＴパスポート〈第３版〉』（中央経済社）などがある。

パブロフくんと学ぶはじめてのプログラミング〈第２版〉

2019年５月１日　第１版第１刷発行
2020年11月20日　第１版第２刷発行
2021年11月１日　第２版第１刷発行

著　者　よせだあつこ
発行者　山本　継
発行所　㈱中央経済社
発売元　㈱中央経済グループパブリッシング

〒101-0051　東京都千代田区神田神保町１-31-２
電話　03(3293)3371（編集代表）
03(3293)3381（営業代表）
https://www.chuokeizai.co.jp
印刷／文唱堂印刷㈱
製本／誠製本㈱

ISBN978-４-502-40521-１　C3055